U0382175

国家社会科学基金青年项目"基于农户技术选择视角的农业面源污染控制政策设计"（编号：12CGL062）

国家自然科学基金项目"环境目标约束下农户技术选择：个体行为与制度安排"（编号：71273147）

国家重点研发计划项目"化肥农药减施增效管理政策创设研究"（编号：2016ZY0600374704）

中国工程院重大咨询项目"农业资源环境若干重大问题研究"（编号：2016-ZD-10-03）

中央财政农业生态环境保护专项"农业环境政策决策支持系统建设"

农业面源污染治理的技术选择和制度安排

金书秦　沈贵银　刘宏斌　等著

中国社会科学出版社

图书在版编目（CIP）数据

农业面源污染治理的技术选择和制度安排/金书秦
等著 . —北京：中国社会科学出版社，2017. 5
ISBN 978 - 7 - 5203 - 0390 - 3

Ⅰ. ①农…　Ⅱ. ①金…　Ⅲ. ①农业污染源—面源污染—
污染防治—中国　Ⅳ. ①X501

中国版本图书馆 CIP 数据核字（2017）第 087757 号

出 版 人	赵剑英
责任编辑	刘晓红
责任校对	周晓东
责任印制	戴　宽

出　　　版	中国社会科学出版社
社　　　址	北京鼓楼西大街甲 158 号
邮　　　编	100720
网　　　址	http：//www. csspw. cn
发 行 部	010 - 84083685
门 市 部	010 - 84029450
经　　　销	新华书店及其他书店

印刷装订	北京君升印刷有限公司
版　　　次	2017 年 5 月第 1 版
印　　　次	2017 年 5 月第 1 次印刷

开　　　本	710×1000　1/16
印　　　张	16
插　　　页	2
字　　　数	219 千字
定　　　价	76. 00 元

凡购买中国社会科学出版社图书，如有质量问题请与本社营销中心联系调换
电话：010 - 84083683

作者简介

金书秦，1984年7月出生，江西新建人，博士，农业部农村经济研究中心可持续发展研究室副主任、副研究员。一直从事农业环境经济和政策研究，发表论文七十余篇，撰写和参编著作十余部，成果获农业部软科学优秀成果二等奖、首届江苏农科技奖二等奖。主持国家社科基金、国家重点研发计划等课题十余项，近年来参与多项农业资源环境保护政策文件的研究和起草工作，研究成果多次获得中央及有关部委领导同志重要批示。

沈贵银，1963年6月出生，浙江嵊州人，博士，江苏省农业科学院研究员，农业经济学科带头人。主要研究方向为农业经济理论与政策、农业资源环境经济等。先后主持国家自然科学基金、科技部公益类专项、农业部专项、江苏省委托科研项目等二十余个。获北京市科技进步二等奖，江苏省农业科技二等奖，发表论文七十余篇，出版专著4部，主编或副主编有关专著、教材等十余本。

刘宏斌，1970年4月出生，河北秦皇岛人，博士，中国农业科学院农业资源与农业区划研究所三级研究员、碳氮循环与面源污染团队首席科学家，农业部面源污染控制重点实验室主任、农业科研杰出人才，首届中国生态文明奖获得者。先后获中华农业科技奖一等奖、中国农业科学院杰出科技奖、北京市科技进步二等奖等省部级科技成果7项，发表论文百余篇，出版专著3部，获国家发明专利 15 件，登记软件 18 项，制定行业标准 6 项。

韩冬梅，经济学博士，河北大学经济学院副教授，硕士生导师，主要研究方向为环境经济学、环境管理与环境政策分析。近年来着重在农业环境保护和水污染防治领域的研究，主持多项省、厅级项目，在核心期刊发表学术论文三十余篇。

魏珣，管理学博士，中国农村技术开发中心助理研究员，从事农业科技研究和管理工作，在国内外核心期刊发表论文二十余篇。

周芳，经济学博士，西藏农牧学院讲师。从事农业面源污染防治政策研究。主持西藏社科基金、西藏软科学等 5 个课题，参加国家社科基金等十余个课题。出版专著 1 部，发表论文近 20 篇。

武岩，经济学博士，南京审计大学讲师，研究兴趣包括发展经济学、应用计量经济学。成果发表在 China Economic Review、《中国农村经济》、《世界经济》等刊物。

李冉，经济学硕士，农业部农村经济研究中心助理研究员，从事农业可持续发展政策研究，农村第一、第二、第三产业融合的中外比较研究，发表文章三十余篇。

韩竞一，环境政策学博士，浙江工商大学环境科学与工程学院教师，研究方向为环境政策分析，农村环境污染控制。

序

唐华俊

农业部于 2015 年印发了《关于打好农业面源污染防治攻坚战的实施意见》，提出了到 2020 年实现农业用水总量控制，化肥、农药使用量减少，畜禽粪便、农作物秸秆、农膜基本资源化利用的"一控两减三基本"目标任务，正式打响了农业面源污染治理攻坚战。

经过几年的努力，我们已经取得一些成绩，化肥用量接近零增长，农药用量已经连续两年减少，畜禽粪便、农作物秸秆、废旧农膜资源化利用正在大力推进。但是，应当清醒地认识到，农业面源污染非一朝一夕所致，其解决也不可能一蹴而就。习近平总书记明确指出"生态环境保护是一个长期任务，要久久为功"，因此，我们既要打好眼前这场攻坚战，也要做好打持久战的准备。这就要求我们对农业面源污染的方方面面进行深入研究，包括科学上的问题、技术上的问题、政策上的问题等，本书对这些问题都做出了有针对性的回应。

本书内容全面，系统性强，主要体现在：研究对农业面源污染状况分析和判断的全面性，既有当前形势，也有历史回顾，还对趋势进行了研判；研究的视野既包括国内实践，也包括国际经验；研究的对象既包括微观层面的农户行为，又有宏观层面的政策分析；研究提出的解决方案，既有技术清单，又有制度安排。另外，研究的过程贯穿了党的十八大以来的 5 年，一些阶段性成果为有关决策提供了重要的支撑。这是一部既具有前瞻性、又适应时代需求的重要著作。

三位主要作者长期以来都在从不同侧面研究农业面源污染问题，这本著作也是一项成功的跨学科成果。金书秦同志具有环境经济学背景，是近年来农业资源环境保护政策领域涌现出来的优秀青年学者，擅长运用制度经济学来分析环境问题，且长期参与决策咨询工作，这使得本书既有经济学的基调，又充分考虑政策约束；沈贵银同志具有农业经济背景，是知名的"三农"政策专家，对农业宏观政策有很好的把握，这能够确保农业面源污染治理始终不脱离我国"三农"的实际；刘宏斌同志具有农学背景，是农业面源污染治理领域的知名学者，担任农业部面源污染控制重点实验室主任、中国农业科学院科技创新工程碳氮循环与面源污染团队首席科学家，对农业面源污染形成的科学机理有深入研究，为本书的科学性和技术应用性提供了有力保障。

当前，我们正在加快推进农业绿色发展，让农业回归其本色，这是农业发展观的一场深刻革命，也是农业供给侧结构性改革的主攻方向。农业面源污染是制约农业绿色发展的瓶颈问题，也是社会公众关注的重点和难点，因此，治理面源污染既是农业绿色发展的行动体现，也回应了社会公众关切，充分体现了以习近平总书记为核心的党中央以人民为核心的发展理念。我期待这本著作在农业绿色发展这场革命中发挥其应有的作用，也希望本书的作者们能继续深入研究，为农业面源污染治理做出更大贡献。

农业部党组成员、中国农业科学院院长

中国工程院院士

前　　言

从正式的制度安排来看，中国的农业面源污染治理工作在 2014 年得到全面重视。标志性的制度成果是当年生效的《畜禽规模养殖污染防治条例》，随后在 2014 年年底召开的全国农业工作会议上，农业面源污染防治的目标首次被明确为"一控两减三基本"，该目标随后以农业部文件（《关于打好农业面源污染防治攻坚战的实施意见》）的形式得以全面阐释和确认，概括为：农业灌溉用水量保持在 3720 亿立方米，农田灌溉水有效利用系数达到 0.55；减少化肥和农药使用量，肥料、农药利用率均达到 40% 以上，全国主要农作物化肥、农药使用量实现"零增长"；畜禽粪便、农作物秸秆、农膜基本资源化利用。可以说，农业面源污染防治工作由过去口号式的倡导转入带有明确目标的具体实践。

一　农业面源污染排放趋势判断

作为研究者，我们一直在推动农业面源污染治理进入政策的中心议题，也许我们的作用是微弱的，但至少从结果上看是成功的，农业面源污染目前无论是在农业发展还是环境保护的相关议题中都占据了重要地位。备感欣慰之余，我们清醒地认识到这只是一个开始，对于未来一段时间的形势我们的理性判断如下：

第一，农业面源污染排放的数值可能会更大。农业面源污染首次进入官方统计是 2007 年进行的全国污染源普查，在该次普查中，农业面源污染化学需氧量（COD）、总氮、总磷占比分别为 43.7%、57.2%、67.3%。此后，历年的《中国环境状况公报》开始将农业面源污染与工业源、生活源并列进入统计。目前，农业面源污染的核算主要是种植业氮磷流失、畜禽粪便、水产养殖，秸秆、尾菜等虽然被认为是面源污染的来源，但是并没有进入统计中。未来随着农业面源污染监测点位的不断加密，统计口径不断完善，统计出来的农业面源污染排放量可能会更大。

第二，农业面源排放的污染所占比例会上升。现有统计中，水污染物主要有三种来源：工业点源、城镇生活、农业面源。已有的研究显示，工业和城镇生活污染的统计数据仍存在较大问题（宋国君、金书秦，2008；马中、周芳，2013），但是毕竟近年来环境治理的力度越来越大，工业和城镇污染排放的总量（或增速）有所控制。正如前文所述，统计口径完善后统计出来的农业面源排放的数值将变大，因此反映出来的农业面源污染占比可能会上升，并且上升的趋势将持续相当一段时间，最终将超过工业和城镇污染成为第一大排放源。这在国际上也是如此，例如美国从 20 世纪 90 年代开始，农业就是第一大排放源，荷兰的最大污染源也来自农业。

第三，农业面源污染对环境质量的影响将更加显著。水污染排放将最终反映为对水体环境质量的影响。农业面源和工业点源排放特性迥异，同样当量的农业面源对于环境的冲击远小于工业点源，目前在普查数据显示农业面源排放占"半壁江山"的情况下，农业面源还不是导致水体环境质量恶化的首要污染源（金书秦、武岩，2014）。但是随着农业面源污染占比的不断上升，面源污染终将成为水环境质量的首要致污因素。未来农业面源污染对水体环境质量的影响将更加显著，例如水体污染将更多表现为与农业面源直接相关的富营养化问题。另外，由于农业自身污染引起的农产品产地环境问题、农产品质量安全问题，也将更多呈现出来。

二　对当前农业面源污染防治政策的几点提示

以上似乎展示出一幅并不乐观的图景，有鉴于此，我们不仅推动和关注政策的制定，更加注重追踪政策的落实和执行，基于这些年来的观察和思考，我们对当前的一些政策做出以下几点提示：

第一，政策的顶层框架已基本建立，落实上要避免形式主义。

2015 年党中央国务院相继印发的《关于加快推进生态文明建设的意见》和《关于生态文明体制改革总体方案》（以下简称《总体方案》）为今后一段时间生态文明建设做好了顶层设计，具体到农业环境治理领域政策文件也是层出不穷。2015 年出台了《全国农业可持续发展规划（2015—2030 年)》和《农业突出环境问题治理规划（2014—2018)》两个全国性规划，农业部印发了《关于打好农业面源污染防治攻坚战的实施意见》《到 2020 年化肥使用量零增长行动方案》《到 2020 年农药使用量零增长行动方案》等文件。2016 年，国务院、中央有关部委陆续出台了一系列政策举措。例如，2016 年 5 月，国务院印发了《土壤污染防治行动计划》；2016 年 8 月，农业部会同国家发改委、财政部等 6 部委共同印发了《关于推进农业废弃物资源化利用试点的方案》；2016 年 9 月，环保部、农业部、住建部三部委联合出台了《关于培育发展农业面源污染治理、农村污水垃圾处理市场主体的方案》。

政策有了，重在落实。据不完全统计，落实《关于生态文明体制改革总体方案》，将有 23 个具体方案要出台，其中也包括农业面源污染防治的相关方案，这些任务都明确落实到具体部门。对于各部门而言，拿出方案提交给国务院，而不论方案对于解决问题的效果如何，只要按照程序、按时给国务院提交一个文本，本部门的改革任务似乎就完成了。各专项方案本来就是落实《总体方案》的部署，旨在明确各项具体工作应该怎么做，应更多体现为路线图、时间表、项目单，方案中的政策措施应该是自方案发布之日起立即实施，要避免原则性要求，更不应该再有"另行制定"、"研究出台"等条款。否则，又要有下一个方案来落实部门制订的方案。就农业面源污染治理而言，政策的落地还是在基层，尤其是乡、村，可谓"上面千条线，下面一根针"。如果中央的政策不够清晰，加之各种文件层出不穷，那么地方就要花很多时间去学习、领会和传达。各地方各部门落实党中央、国务院要求的政策必须要有实招、有"干货"、路线清晰，要尽量减少基层操作者和社会主体学习和领会的时间和精力，避免通过多层传达后政策原意的走样。否则方案套方案，文件落实文件既没有实现党中央、国务院要着力解决实际问题的本意，更会让地方政府、社会各主体无所适从，难免有形式主义之嫌。

第二，化肥、农药"零增长"要吸取前车之鉴，避免陷入数字游戏。推进化肥、农药"零增长"是防治面源污染的重要举措。农业面源污染治理和其他污染治理的最终目标都是改善环境质量，让公众有获得感。过去的一段时间，污染物排放总量控制是我国环境保护工作的最重要政策，然而，从公众对于环境质量的感知来讲，总量控制政策总体上被证明是低效甚至失败的，被《财新周刊》记者孔令钰总结为"减排与环境质量脱节、减排基数不科学、与达标排放冲突、造成片面污染减排后果、涉嫌成为数字游戏"。化肥、农药"零增长"目前总体遵循的是总量控制的思路。所不同的是，工业领域控制的是排出污染物的总量，农业领域控制的是化学品投入的总量。这是基于农业面源末端排放分散、隐蔽等特点的考虑。在机理不清、底数不明的情况下，将控制的重点放在更加可控的投入端，不失为一种次优选择。

目前采取的一些措施，毫无疑问地将对化肥减量做出贡献，例如在种植业结构调整方面，农业部出台了《农业部关于"镰刀弯"地区玉米结构调整的指导意见》，拟在 5 年内调减 5000 万亩玉米种植面积。我们的研究表明，过去 15 年，玉米对于化肥增量的贡献率达到 31.8%，因此调减玉米面积必然会带来化肥用量的减少。另外，大力推广测土配方施肥、鼓励使用有机肥也将切实减少化肥用量。

相比而言，农药减量则具有较多不确定性。一方面是底数不清，目前在国家层面的统计数据反映的是农药制剂量，近年来在 180 万吨左右，但是在农药工业和农业生产部门，普遍使用的是基于活性成分的折纯（折百）量，一般认为在 32 万吨左右，但缺乏官方公开发布的连续、准确数据。考虑对环境、健康和质量安全的影响，折百量显然更有意义，如若使用该指标，未来就需要在农药使用的监测和统计上进一步完善，获取一套较为准确的数据。另一方面是农药对于作物产量的影响甚于化肥，农民会采取更审慎的态度，无论是打药频次还是每次剂量都会更加倾向于多施。研究表明，由于缺乏有效信息来源，加之对信息来源的信任度偏低，农民在农药的实际用量上往往比推荐的剂量多出 1—2 倍乃至更多。此外，作物的病虫害与气候密切相关，也增加了农药用量的不确定性。

"零增长"隐含的政策指向是更加科学有效地使用化肥农药，把不合理的用量减下去，把农业生产的效率和效益提上来。从这个层面来讲，化肥、农药"零增长"是转变农业发展方式、提高农业可持续性的抓手。只有从这个高度来认识"零增长"目标，才能避免就农药说农药、就化肥说化肥，也能保持对这项工作持久的积极性。化肥、农药的使用是一项非常具体的工作，在有了大的方向指引后，还要落到生产实际，不能停留在机械式地按行政区、按年份分解任务甚至层层加码。当前，很多省份、市县都提出了当地化肥、农药"零增长"的目标计划，有的还提出了负增长目标。这充分反映了各地对于该项工作的重视和决心。但有些地方的计划，出现时间和区域上无差异、整齐划一的减量目标。从对地方考核来讲，统计数据所反映的减量是一方面，更重要的是与减量相匹配的产地环境、农产品质量的改善。化肥、农药"零增长"一定要汲取污染物总量控制政策的前车之鉴，警惕出现数字游戏。

第三，畜禽粪便污染管控有余，资源化利用激励不足。畜禽粪便资源化利用是养殖污染治理的根本出路，也是《畜禽规模养殖污染防治条例》及一系列政策的初衷。然而，实际执行却不尽如人意。

一方面，管控措施过于严厉。一是禁限养。《畜禽规模养殖污染防治条例》中明确了四类区域应划为禁养区。《水污染行动计划》则进一步对禁养区划定提出了时间限度，要求在 2017 年年底前，依法关闭或搬迁禁养区内的畜禽养殖场（小区）和养殖专业户，京津冀、长三角、珠三角等区域提前一年完成。禁养区划定工作得到了各地的重视，各地都出台了禁养区划定方案，并以较强的力度推行禁限养。由于《条例》将对规模界定的权力交给了地方，各地在执行中关于规模的界定差异非常大，突出表现在对禁养区的划分工作中，例如《南京市畜禽养殖禁养区划定及整治工作方案》中，将年出栏生猪 50 头作为"规模"的标准；《广西畜禽规模养殖污染防治工作方案》，将规模界定在生猪年出栏 ≥500 头，生猪存栏 ≥200 头；有的地方没有规模标准，基本上就把禁养区变成"无畜区"。过度禁限养所衍生的问题已经初现端倪，2016 年 9 月农业部副部长于康震已经明确提出要"推动解决部分地区盲目禁养限养问题"。二是达标排放。"达标排放"的思维定式阻碍了畜禽粪便的资源化利用。处理畜禽粪便最佳方案是通过制取沼气、还田利用等进行综合利用。然而，过去的环境管理主要是针对工业部门，基本要求就是达标排放，基层环境管理人员在对《条例》的落实中往往把资源化利用和污染治理截然分开，甚至把资源化利用当成污染排放。例如有的养殖企业反映，基层管理人员甚至环保专家，在环保验收时罔顾沼气、有机肥生产等资源化设施，一味强调要上污水处理设施以实现达标排放、"零排放"。更有甚者，即便在农民同意的情况下，养殖企业产生的沼渣沼液只能通过罐车拉到农田，却不被允许通过管道引入农田。因为管道意味着排放，排放则要达标。决策部门已经意识到地方执行的偏颇，因此在 2016 年 11 月，环保部、农业部联合印发的《畜禽养殖禁养区划定技术指南》中，明确提出"畜禽粪便、养殖废水、沼渣、沼液等经过无害化处理用作肥料还田，符合法律法规要求以及国家和地方相关标准不造成环境污染的，不属于排放污染物"。

另一方面，沼气发电上网补贴、有机肥生产等激励措施明显乏力。《条例》规定畜禽养殖场沼气发电上网享受可再生能源上网补贴。但实际中在沼气发电方面，养殖场经常被以"发电量太小""不符合技术标准"为由被拒绝入网，养殖户得不到发电上网的收益。规模化畜禽养殖企业沼气发电机组功率普遍为 20—500 千瓦，企业发电自己仅用在照明取暖及饲料加工等用途，普遍存在用电盈余现象。如果要把这些电送上网，电力公司还要设置变压器和线路。考虑到额外增加的大量成本，电力公司倾向于提高养殖企业富余发电上网的条件，如限定在单机发电功率最低 500 千瓦，而满足这样条件的养殖企业数量较少。即使将富余电量免费提供给附近的村民使用，也存在输送线路建设成本的问题。这些附加的成本仅仅靠国家资金补贴难以保证企业正常的利润水平。如此使《条例》31 条的落实事实上存在很大的障碍。《条例》中，有机肥生产、运输、使用的优惠政策都是以化肥为参照。然而，随着化肥"零增长"行动的深入推进，过去给予化肥从生产到使用的各项优惠政策正在逐步取消。例如 2015 年 2 月国家发展改革委就发布了《关于调整铁路货运价格进一步完善价格形成机制的通知》，上调化肥和磷矿石铁路运价，2015 年 9 月全面取消了化肥生产企业免征增值税的优惠，化肥生产的用电优惠也在逐步取消。将有机肥可享受的优惠政策与化肥绑定在一起已经不适应形势的发展。此外，由于资源化利用不被广泛认可为污染治理的手段，以畜禽粪便为原料的有机肥生产往往执行的是工业电价，而不是《条例》规定的农业电价，这加大了有机肥生产的成本。笔者 2015 年在四川某企业调研了解到，某企业原为化肥生产企业，近年来转型做生物有机肥。但是由于缺乏明确的关于有机肥生产电价优惠的政策，该企业生产有机肥的电价还要高于化肥，因此企业不得不保留一条化肥生产线以获得电价优惠。

第四，秸秆禁烧不计代价值得商榷。我国秸秆产生量为 9.6 亿吨，综合利用率约为 76%，仍有超过 2 亿吨的秸秆没有被利用。在作物收获季节，秸秆露天燃烧会带来短时的严重空气污染，对交通、人体健康产生较大危害。近年来，国家采取了严厉的秸秆禁烧政策，对起火点采取零容忍的高压态势。高压之下，在夏收和秋收季节，秸秆禁烧工作几乎成为基层最大的政治任务，在县、乡层面，几乎全体动员、不计成本，基层的狠抓力度不亚于当年的计划生育。有些地方的乡镇领导干部甚至因为秸秆禁烧不力被就地免职。尽管如此，秸秆燃烧仍然屡禁不止。客观地说，秸秆并不是最严重的环境问题，却在使用几乎最严厉的行政手段。秸秆过去一直都是宝贵的资源，其资源属性并未发生变化，只不过由于生产方式的改变，未能较好地被利用，屡禁不止的原因还是没有找到合适的出路。应该把更多资源和精力用于寻找出路，清除秸秆综合利用的障碍。例如在有些地方，破碎机械和成本是还田的主要障碍；有些地方，建起了生物质发电厂，或秸秆造粒厂，却面临农民坐地起价的问题；有些是因为旋耕的深度不够，大量秸秆在土壤表层，会导致作物根系着土困难，从而影响种苗存活和生长。另外，有些地方秸秆还田较好，却带来了更多的病虫害，农药用量又增加了。因此，要为秸秆寻找系统解决方案，在提高利用率的同时，减少衍生问题。

三　下一步的政策取向

基于对形势的判断和对现有政策的追踪，我们认为下一步政策的总体方向应该朝着长期性、基础性和实用性的方向努力。

第一，做好打持久战的准备。当前，农业环境治理面临"社会有共识、中央有决心、转型有需求、粮食有保障"的历史性机遇，农业发展政策已经从过去的"增产、增收"的双目标转变为"稳粮、增收、可持续"三目标（杜志雄、金书秦，2016），要抓住机遇打好一场攻坚战，短期内攻克一些难题。但是打好攻坚战的同时，也要做好打持久战的准备。一方面，即使"十三五"实现了"一控两减三基本"目标，也只是在农业面源污染源头减量上实现阶段性胜利，对于未来农业面源污染排放的统计数值可能变大、占比上升、对环境质量的影响越发明显等结果要有充分心理准备。另一方面，面源污染治理的终极目标是实现环境质量的改善，历史经验和国际实践告诉我们，这是一个漫长的过程，至少应以几十年计。因此，在政策节奏上要避免急于求成，否则在政策自上而下的传导过程中有可能出现走样。还要加强舆论引导，用客观的数据、科学的逻辑、通俗的语言向公众普及农业面源污染的有关知识，正本清源，避免过激、片面甚至主观臆断的观点流行引发过度恐慌。

第二，完善监测体系建设。农业面源污染的监测体系应包括农业投入品监测和排放监测两个方面。在投入品监测方面，既然是总量控制，就要在"量"上较真，不能允许有糊涂账。因此，要建立一套覆盖生产、贸易、流通、使用等全链条的台账制度，准确掌握化肥、农药等农业投入品使用情况。在面源污染排放监测方面，农业部自2012年开始在全国建立了273个农田面源污染国控监测点和25个规模化养殖污染物排放国控监测点。但由于数据发布权限的规定，面源污染的排放数据由环保部发布，由于其缺乏常规性监测，发布的数据总体上仍然是在2007年普查数据的基础上推算而得。根据《水污染防治行动计划》（简称"水十条"）的有关要求，2016年我国将开展第二次全国污染普查工作。应该利用这次普查机会，加密和固定农业面源污染监测点位，整合并完善已有的监测体系，在监测手段和数据发布两个方面实现统筹协调。此外，在投入品使用和污染排放之间，要加强排放机理研究，不断完善面源污染排放核算体系。通过多渠道、多来源数据的交互验证，准确掌握、发布和利用农业面源污染排放信息。

第三，强化政策落实。一是对于上位政策中已经有明确规定的政策措施，要加快落实，例如《畜禽规模养殖污染防治条例》中对于畜禽粪便资源化利用的有关激励措施，应当尽快细化执行。对于可能产生歧义的条款，例如污染排放和还田利用的界限，应当尽快出台权威的条款解释或实施细则并加强宣贯。二是提高政策含金量，强化落实。部门层面的文件，要避免各自为政、求数量求速度不求质量，减少对其他文件不必要的重复，避免新文件成为已有文件的综述。每个文件必须有明确的问题指向，集中针对该问题做到目标可考核、措施可操作、资金有渠道。并对政策（项目）实施跟踪和效果评估，及时纠偏和调整。三是差异化解决、疏堵结合。对于生产前端造成的面源污染主要是通过源头减量防患于未然，对于生产后端造成的面源污染主要是资源化利用变废为宝。当前农业供给侧结构性改革主要关注农产品的质量和结构，对于保护环境而言，投入品和资源化技术的供给侧管理尤其重要。一方面是产品供给，要更加严厉地打击高毒、禁用、劣质农资产品的生产和销售，为优质农资和环境友好型农资产品创造良好的市场条件；另一方面是技术供给，尤其是秸秆、畜禽粪便资源化的技术手段，深入研究一些"看上去很美"的技术为什么难以落实，进而在技术改进、政策推动上重点突破。

第四，加大面源污染防治的投入。在污染防治的责任分担上要区分工业点源和农业面源的排放特性，工业领域主要遵循达标排放条件下的"污染者付费"，农业领域则应主要遵循"受益者补偿"的原则。农业生产既是农民维持生计的一种手段，但是这种手段的重要性越来越弱，体现为农业经营收入占家庭收入的比例越来越低；农业作为基础性产业，肩负着为全国人民提供吃、穿等生存必需品，是国家粮食安全战略的担当，而农村环境的改善更是具有广泛的外部性。农业提供保障国家安全和维持生物多样性的公共职能并没有在农产品价格中充分体现。农业生产所导致的面源污染越来越被诟病，但是经常被忽视的是用于农业面源污染治理的投入却十分有限。未来，在强调农业面源对于排放量贡献的同时，应当加大对农业面源污染治理的财政投入。一是从受益者补偿的角度，在环境保护领域实现"工业反哺农业"；二是从财权事权对等的角度，要有与农业面源污染排放占比相匹配的财政投入。

四 关于本书

本书的研究历时 6 年。2010 年我进入农业部农村经济研究中心工作，最初我们并没有与环境相关的课题，是中心和研究室领导鼓励并支持我按自己的专长和兴趣从事农业环境政策研究。2012 年，我申请的"基于农户技术选择的面源污染政策设计"获得了国家社会科学基金青年项目资助，这是我本人主持的第一个课题，也使我得以继续坚持，2015 年该项研究按时申请结项并由于突出的政策支撑作用被批准免予鉴定。2013 年我们团队又获得了国家自然基金面上项目"环境目标约束下的农户技术选择：个体行为及制度安排"，2016 年主要基于该项目的成果获得了江苏省农业科技二等奖。受益于国家对农业环境保护的不断重视，我们的研究工作也越来越受到有关部门的支持和重视。2013 年开始，我连续承担农业部生态环境保护财政专项"农业环境政策决策支持系统建设"；2015 年，我们申报获得了农业部"十三五"规划编制前期重大研究课题"农业清洁生产技术及面源污染防治模式研究"，同时我还主持了农业部软科学课题"面源污染治理与粮食安全双重约束下的化肥零增长实现路径与对策研究"，课题成果被评为 2015 年度农业部软科学成果二等奖；2016 年，环保部委托我们团队开展"培育发展农业面源污染治理、农村污水垃圾处理市场主体"研究，该项研究直接支撑环保、农业、住建三部委联合印发《关于培育发展农业面源污染治理、农村污水垃圾处理市场主体的方案》。2016 年开始，我们承担了国家重点研发计划化肥农药减施增效技术应用及评估研究，主持课题四"化肥农药减施增效管理政策创设研究"。这些课题的阶段性成果多次受到中央农办、农业部等部门领导同志的重要批示。本人也有幸直接参与了一些政策的研究和起草工作，包括《关于打好农业面源污染防治攻坚战的实施意见》《关于培育发展农业面源污染治理农村污水垃圾处理市场主体的方案》《国家农业可持续发展试验示范区建设方案》《农药包装废弃物处理管理办法（征求意见稿）》等。本书就是在完成以上工作过程中取得的成果，因此我要特别感谢所在单位的领导和同事在我入职之初就给予我充分的自由选择和支持鼓励，并且一如既往；感谢国家社会科学基金及时地给予了一个青年学者坚持自己研究兴趣的机会；感谢中农办、农业部、环保部领导和有关司局对我们的支持和信任，使我们有机会将研究成果应用到政策决策中去。

　　本书是集体智慧的结晶。各个章节基本都是在我们比较成熟的研究成果的基础上修改完善的，有的内容发表在学术期刊，有的内容被作为决策参考材料呈送有关部门和领导，全书共有九章内容，由金书秦、沈贵银和刘宏斌统稿，各部分研究的完成人及主要内容如下：

第一章是导论，介绍了本书的研究背景、总体内容和研究方法，主要由金书秦、沈贵银、刘宏斌完成。

第二章是现状和原因分析，主要由金书秦、沈贵银、魏珣完成。该章重点揭示了农业面源污染的形成机理，指出农业面源污染与工业污染的三点区别，即排放方式、污染物形态和进入环境过程，降水是将农业面源污染带入水体的主要载体，而降水同时具有携带效应和稀释效应，只有当携带效应大于稀释效应时，面源污染才会导致水体质量的变差。基于 Oliver Williamson 构建的新制度经济学分析框架，从文化、制度环境、农业经营方式、市场资源配置四个层面分析了农业面源污染形成的原因。

第三章是管理和政策分析，主要由金书秦、韩冬梅完成。该章回顾了自 1972 年斯德哥尔摩会议后至今 40 多年来我国农业环境管理机构的变迁，环境保护管理机构不断被强化，而农业环境管理机构却并未与时俱进。以重要环境政策的出台为依据，将 40 多年的环境管理划分为五个阶段，通过历史文献回顾，分析了各阶段农业农村环境问题的主要形态和当时的应对措施，分析发现，长期以来我们的应对措施与主要问题存在缺位、错位。

第四章是农户化肥施用行为与面源污染的关系，主要由金书秦、武岩完成。基于化肥"零增长"目标，按作物分析了历年来化肥施用增量的来源，结果显示，蔬菜和玉米对于化肥增量的贡献最大，但二者贡献的因素各异，前者主要是由于面积的扩大，后者则主要是因为强度过高。该章进一步以淮河流域为例，实证检验了降水、施肥行为与水质变化的关系，结果表明，农业面源对于水质的影响主要体现在边际作用上，也就是说在枯水期介于达标和超标之间的水质断面可能会由于面源污染的带入而超标，而整体上工业和城镇点源仍然是水质超标的首要因素。

第五章是对农户施用农药行为的分析，主要由金书秦、魏珣完成。基于对河北棉农的调查，从经销商与农户之间的信任关系和信息传递的角度，分析了农药过度使用的原因。结果表明：合作社农户能够直接获得较为准确的信息，对非合作社农户而言，经销商与他们越熟悉，信息失真的程度越大。而农户对于信息的处理又取决于他们对信息来源的信任，信任程度越高，农户越严格遵守经销商的建议，合作社在信息和信任两个方面都显示出优势，合作社农户的农药用量最少，其后依次是从乡镇农资店买药的农户、从村级农资店买药的农户，用量最大的是从县级农资店买药的农户。

第六章是对农户养殖粪便资源化利用行为的研究，由金书秦、韩竞一、李冉完成。分别选取浙江省和湖南省作为发达地区和发展中地区的代表，以案例研究的方式分析了不同规模养殖户的粪便资源化利用的方式，包括生产沼气、使用微生物发酵床、种养结合等模式，并对当前养殖粪便资源化利用的主要政策进行了初步评价。

第七章是农业清洁生产技术清单及综合评估方法研究，由周芳、金书秦完成。这一章旨在为下一步农业面源污染治理提供一个技术选择清单，从产前、产中、产后三个环节，归纳了现有的适用于种植和养殖的清洁生产技术。为了评价技术的实用性，尝试构建了指标体系和评估方法，可用于指导技术选择。

第八章是国际经验研究，由金书秦、魏珣、韩冬梅完成。介绍了美国、欧盟、日本等发达经济体在种植和养殖污染防治方面的政策体系、管理实践和成效，以期对我国有所启示。

第九章是研究总结，由金书秦、沈贵银和刘宏斌完成。全面总结了本书的主要研究结论，根据目前形势，总结了农业面源污染治理乃至全面构建农业环境治理体系面临的历史性机遇，即"社会有共识、中央有决心、转型有要求、粮食有保障"，当然我们也面临化肥农药使用路径依赖、人口持续增长等长期挑战，因此面源污染将是一场持久战，要在思想和行动上做好充分准备。最后，还提出了一些具体建议，这些建议有些已经在近期政策中体现。

　　本书虽然是过去 6 年来我们研究的一个系统总结，但很多观点和结论未必成熟和妥当，而且这也只是一个开始，正如我在书中总结的，全面构建农业环境治理体系已经到了"社会有期待、中央有决心、转型有要求、粮食有保障"的历史时期，未来我们可做、要做的事情还很多，衷心希望能够与各界同仁共同探讨农业环境治理之道，为生态文明建设做出应有的贡献。

　　最后但最重要的是，无论是完成上述课题研究任务，还是本书成稿，都得到了领导、同事、学友、家人的鼓励和支持，研究过程中我和课题组成员还经常得到许多专家的热心指导，需要感谢的名单实在太长，在此就不一一列举，成果就是对帮助和支持者最好的回报，我们还将继续努力做出更多更好的成果。

金书秦

2017 年 5 月

Foreword

Viewed from the aspect of formal institutional arrangement, agricultural non – point source pollution control work of China drew full attention in 2014. The landmark institution achievement is the *Regulation on the Prevention and Control of Pollution from Large – scale Breeding of Livestock and Poultry* took effect in 2014. Soon afterwards, on the National Agricultural Meeting held the end of 2014, objective of prevention and control of pollution from large – scale breeding of livestock and poultry was clearly defined as "one control; two reduce, and three basic" for the first time; this objective was fully elucidated and confirmed by the document of Ministry of Agriculture therewith (*Implementation Suggestions on of Prevention and Control of Pollution from Large – scale Breeding of Livestock and Poultry*), and it can be summarized as follows: Agricultural irrigation water consumption shall be controlled under 372 billion m³, agricultural irrigation water effective utilization coefficient shall reach 0. 55; reduce chemical fertilizer and pesticide usage amount, fertilizer and pesticide utilization coefficient shall exceed 40% , and main chemical fertilizer and pesticide application amount nationwide realize zero growth; and basic resource utilization of livestock excrement, agricultural straws, and agricultural film. We can say that prevention and control of pollution from large – scale breeding of livestock and poultry has been put into concrete practice with clear objectives from a slogan advocating.

I. Agricultural non – point source pollution discharge trend judgment

As researchers, we keep making effort to make agricultural non – point source pollution control become a central policy subject under discussion. Maybe our effort is limited, but it is successful from the result. At present, agricultural non – point source pollution takes an important role in related subjects of both agricultural development and environmental protection. Besides feeling relieved, we soberly realize that this is just the beginning; we have made the following rational judgment on the situation in the future period of time:

Firstly, the agricultural non – point source pollution discharge value may rise. In the national pollution sources census in 2007, agricultural non – point source pollution entered into official statistics for the first time. In this census, agricultural non – point source pollution COD, total nitrogen, and total phosphorus respectively occupied a proportion of 43.7%, 57.2%, and 67.3%. Thereafter, *Report on the State of the Environment in China* every year put agricultural non – point source pollution in statistics on a par with industrial source and domestic pollution source. At present stage, agricultural non – point source pollution check computation mainly refers to nitrogen and phosphorus loss, excrements of livestock, aquaculture, straw, and rotten vegetables leaf of planting industry, they are considered as the source of non – point source pollution, but having not been put into statistics yet. In the future, as the agricultural non – point source pollution monitoring sites getting increasingly intensive, the statistical caliber are constantly improved, the agricultural non – point source pollution discharge value may be higher.

Secondly, the agricultural non – point source pollution proportion will rise. According to the statistics now available, three are three sources of water pollution: industrial point source, town domestic sewage, and agricultural non – point source. Previous studies show that there are still some big problems exist in industrial and town domestic pollution statistical data (Song Guojun & Jin Shuqin, 2008; Ma Zhong & Zhou Fang, 2013), but after all environmental governance are increasingly strengthened in recent years, industrial and town point source pollution discharge volume (or speed) are controlled to some extent. As stated above, after the statistical caliber is perfected, the statistic agricultural non – point source pollution discharge value will be higher, so the agricultural non – point source pollution proportion reflected may rise, and the upward tendency will last for a long period, at last, it may exceed industrial and town pollution and become the first main emission source. So does it internationally, for example, from 1990's, agriculture is the first main emission source of the USA, and the first main emission source of Netherlands is also agriculture.

Thirdly, agricultural non – point source pollution will have a more significant impact on environmental quality. Water pollution discharge will ultimately be reflected as the impact on aquatic environment quality. Agricultural non – point source and industrial point source emission performance are widely different; the same equivalent weight of agricultural non – point source pollution has far less impact than industrial point source pollution. At present stage, under this circumstance that the census data reveals that the agricultural non – point source pollution discharge occupies about a half proportion, the agricultural non – point source pollution is not the primary pollution source that causes water environment quality degradation (Jin Shuqin & Wu Yan, 2014). But with the agricultural non – point source pollution proportion continuously rises, agricultural non – point source pollution will eventually become the primary pollution source of water environment quality. In the future, agricultural non – point source pollution will have a more significant impact on water environment quality, for example, water pollution will mostly presents as the eutrophication problem directly related to agricultural non – point source. In addition, more environmental problems of agricultural producing area and quality safety problems of agricultural products caused by pollution of agriculture itself will emerge.

II. Cautions of agricultural non – point source pollution prevention and control policy at present

The statement above seemingly gives us a negative prospect; on that account, we not only promote and pay attention to policy – making, but also pay more attention to tracing the implementation and execution of the policies. Based on the observation and reflection over the years, we put forward the following several tips:

Firstly, the top frame of the policy is set up basically; we shall avoid formalism during implementation. *Opinions on Accelerating Ecological Civilization Construction* and *Overall Plan of Ecological Civilization System Reform* (hereinafter referred to as *Overall Plan*) issued by the State Council in succession in 2015 have made a top design for the ecological civilization construction in the future period of time. There also emerge many policy document related to agricultural environment governance. In 2015, two national plans: *National Agricultural Sustainable Development Plan* (2015 – 2030) and *Prominent Agriculture Environmental Problems Prevention and Control Plan* (2014 – 2018) were issued; Ministry of Agriculture issued *Implementation Suggestions on of Prevention and Control of Pollution from Large – scale Breeding of Livestock and Poultry*, *Action Plan of Zero Growth of Chemical Fertilizer Usage Amount to* 2020, and *Action Plan of Zero Growth of Pesticide Usage Amount to* 2020, etc. In 2016, the State Council and central ministries and commissions issued a series of policies in succession. For example, in May, the State Council issued *Soil Pollution Control Action Plan*; in August, Ministry of Agriculture and six min-

istries and commissions including National Development and Reform Com-
mission, and Ministry of Finance, etc. jointly issued *Program on Promo-
ting Agricultural Wastes Resource Utilization Pilots*; in September, Minis-
try of Environmental Protection, Ministry of Agriculture, Ministry of
Housing and Urban – Rural Development jointly issued the *Program on De-
veloping Agricultural Non – Point Source Pollution Control, and Rural
Sewage and Refuse Treatment Market Entity.*

Policies are issued, and we shall put emphasis on implementa-
tion. According to incomplete statistics, in order to put the *Overall Plan*
into practice, 23 concrete plans will be issued, including plans related to
agricultural non – point source pollution control, and these missions will
be clearly distributed to specific departments. All each department, make
a plan and submit it to the State Council without thinking about the effect,
submit a text to the State Council according to the procedure on time, then
it seems that the mission of the department is done. All specific plans are
the deployment of implementing the *Overall Plan*, aim to make clear how
to fulfill all specific work, and shall mainly embody as route map, sched-
ule, and project list, and all policy measures in the plan shall be put into
implementation immediately since it is issued; principle requires shall be
avoided, terms like "separately formulated" and "unveil after research"
shall not exist in the plan. Otherwise, another plan will be needed to im-
plement the plan made by each department. For agricultural non – point
source pollution control, implementation of the policies mainly lies in the
grassroots level, especially in town and village. It may be said "thousands
of the policies of the central government depend on the implementation of
the grassroots". If the policies made by central government are not clear,
and there are so many policies emerging, the local government will take a
long time to learn and convey the policies. All local governments and de-
partments shall have actual, practicable measure, and clear ways to im-

plement the policies of the central government and the State Council, shall save time and energy for the grassroots implementers and social bodies to study and understand the policies, and shall avoid change of the original intention of the policies during delivering of multiple levels. Otherwise plans included by plans, plans to implement other plans will fail to realize the real intention to solve practical problems of the Party Central Committee and the State Council, but also make the local governments and social bodies feel puzzled, and then it will be hard to avoid formalism.

Secondly, zero growth of chemical fertilizer and pesticide usage shall draw lessons from the former mistakes and avoid falling in number games. Advance zero growth of chemical fertilizer and pesticide usage is an important measure for non – point source pollution control. The ultimate goal of agricultural non – point source pollution control and other pollution control is to improve the environment quality, and brings the public sense of gain. In the past period of time, pollutant discharge totals control is the most important work of our country's environmental protection work, however, from the aspect of public's perception of environmental quality, the discharge totals control policy is proved inefficient and even failing. Reporter of *Caixin Weekly* concluded it as "emission reduction is disjointed with environmental quality, the emission reduction cardinal number is unscientific and conflicts with emission on standard; it causes unilateral pollutants discharge reduction, and is suspected of being involved in number games". At present, zero growth of chemical fertilizer usage generally follows total quantity control method. The difference is that the industry controls the pollutant discharge totals, but the agriculture controls the chemicals input amount. It is based on the consideration that the agricultural non – point source tail end is dispersive and covert. Under this circumstance that the mechanism and base number are not clear, putting the emphasis on controllable input end is second – best solution.

There is no doubt that some measures we take at present stage will make contribution for reducing chemical fertilizer input amount, for example, in planting structural adjusting, Ministry of Agriculture issued the Guiding opinions of Ministry of Agriculture on corn structural adjustment of "Lian Dao Wan"; it plans to reduce a corn planting area of 50, 000, 000 *mu* in five years. Our researches show that, in the past 15 years, planting corn has made 31. 8% incremental chemical fertilizer usage, so, reducing corn planting area will certainly reduce the chemical fertilizer usage. In addition, promoting testing soil for formulated fertilization and encouraging using organic fertilizer will also reduce the chemical fertilizer usage.

By comparison, pesticide reduction has more uncertainties. On the one hand, the base number is not clear, at present, the national – level statistical data reveals the pesticide preparations quantity is about 1. 8 million tons in recent years, but the pesticide industry and agricultural production departments mainly use the converted quantity, and it is generally acknowledged as about 320, 000 tons, but we lack continuous and accurate data officially published. In the aspect of the impact on environment, health, and quality safety, converted quantity is more significant; if we use this index, then we need to make further improving of the pesticide application monitoring and count, to obtain a set of accurate data. On the other hand, the pesticide's influence to crop output is based on chemical fertilizer, farmers is more cautious about this and is inclined to adopt higher frequency and larger dosage. Researches show that, due to lack of effective information, and a low trust degree of the information source, the farmers use more than one to two times of recommended dosage. In addition, plant diseases and pest problems are closely related to climate, which also increase the uncertainty of pesticide dose.

The policy direction of zero growth is to use chemical fertilizer and pesticide in a more scientific and effective way, reduce the unreasonable dose, and improve the agricultural production efficiency and effectiveness. From this aspect, zero growth of chemical fertilizer and pesticide usage is the hand grab of transforming the agricultural development model and improving the agriculture sustainability. Only by understanding zero growth from this level, can we avoid solving the problems simply on pesticide or simply on chemical fertilizer, and maintain permanent enthusiasm for this work. Using of chemical fertilizer and pesticide is a specific job, besides the overall direction guidance, we shall implement it to actual production, and shall not remain in the mechanical task resolution by administrative regions and years, and even raising without restriction. At present, many provinces, cities and counties has put forward their objectives of zero growth of chemical fertilizer and pesticide usage, and some even raised the negative growth objective. This has fully reflected the attention and ambition of different regions to this work. But the plan of some regions has no variation in time and places, all the places have the uniform goal. From the aspect of local examination, the reduction reflected by the statistical data is one aspect; what's more important is the improvement of environment of producing area and agricultural product quality matched with the reduction. Zero growth of chemical fertilizer and pesticide usage shall take lessons from the total pollutant discharge control policy, and avoid number games.

Thirdly, it is the surplus control of livestock and poultry excrement pollution, and a lack of resource utilization excitation. The resource utilization excitation of livestock and poultry excrements is the fundamental solution to treatment of cultivation pollution, as well as the original intention of the *Regulation on the Prevention and Control of Pollution from Large - scale Breeding of Livestock and Poultry* and a series of policies. However, the actual implementation is not entirely satisfactory.

On the one hand, it is the too severe control measures. One is the forbidden and limited breeding. According to the *Regulation on the Prevention and Control of Pollution from Large – scale Breeding of Livestock and Poultry*, it has clearly classified four zones as the forbidden and limited breeding area. The *Water Pollution Control Action Plan* has further put forward the time limit for the division of forbidden and limited breeding area. It requests that livestock and poultry farms (zones) and professional raising farmers in the forbidden and limited breeding areas shall be closed or removed according to laws by the end of 2017, and the work shall be finished one year ahead in Beijing – Tianjin – Hebei Region, Yangtze River Delta, and Pearl River Delta, etc. The demarcation of forbidden and limited breeding areas has received more attention in varies places. In those places, the plan for the demarcation of forbidden and limited breeding areas has been issued, and the forbidden and limited policy is carried out with a strong vigor. For the *Regulation* has transferred the right of scale defining to the local governments, it differs a lot regarding the demarcation of scale when performing in varies places, which distinctly behaved in the division of forbidden and limited breeding area. For example, *A Plan for the Demarcation and Renovation of Nanjing Livestock and Poultry Forbidden and Limited Breeding Area* regards the number of annual slaughter pig of 50 as the "scale" standard; *A Plan for Guangxi Livestock and Poultry Scale Breeding Pollution Control* sets the "scale" as the number of annual slaughter pig of being equal or greater than 500, and the number of living pig of being equal or greater than 200; some places have no scale standards, and basically change the forbidden breeding area into the "non – breeding area". Issues derived from excessive forbidden and limited breeding has begun to unfold. In September 2016, Yu Kangzhen, vice minister of Ministry of Agriculture, has definitely put forward to "push forward to solve the issue of blind forbidden and limited breeding in some areas." The other is the standard discharge. The thinking set of "standard discharge" has hindered the resource utilization of livestock and poultry excrement. The best plan for the treatment of livestock and poultry excrement is conducting comprehensive utilization via methane preparation, and cropland application, etc. However, the environmental management in the past was mainly aimed at industrial sectors, and the basic requirement was the standard discharge. In the implementation of *Regulation*, environmental management personnel at basic level often divided the resource utilization and pollution control entirely and even regarded resource utilization as pollutant discharge. For example, some breeding enterprises has reflected that, lower management personnel and even environmental experts ignored methane, organic fertilizer production, and other resource facilities when environmental protection acceptance, and blindly stressed on using wastewater treatment facilities to realize standard discharge and zero discharge. What's more, even if peasants agree, biogas residue breeding that enterprises produce should be carried to the cropland by tanker and the pipeline shall be not allowed. For pipeline means discharge and discharge should reach the standard. The decision – making department has realized the bias in local execution. Thus, in November 2016, Ministry of Environmental Protection and Ministry of Agriculture jointly issued the *Demarcation Technical Guide in Livestock and Poultry Forbidden and Limited Breeding Areas*. It has clearly put forward, livestock and poultry excrement, breeding wastewater, biogas residue, and biogas slurry, etc. are served as fertilizer for field after innocent treatment. Also, in case conforming to requirements of laws and regulations, relevant national and local standards, and causing no environmental pollution, it shall not belong to discharge pollutant.

On the other hand, incentive measures such as biogas power generation on – grid allowance and organic fertilizer production, etc. are obviously weak. The *Regulation* has stipulated that livestock and poultry breeding farm biogas power generation on grid can share renewable energy sources on – grid allowance. In the aspect of actual biogas power generation, however, breeding farms are often refused to be on – grid by the excuse of "too small generating capacity" and "non – conformance technical standard", and breeding households cannot receive earnings from electricity on grid. Generally, the power of methane electric power set in large – scale livestock and poultry breeding enterprises is 20 – 500 kW. The electricity enterprise generates is merely used for illumination, heating, and fodder process, etc. , and usually has surplus in electricity utilization. When transiting the electricity on the grid, electricity companies also need to set transformers and routes. In view of lots of additional added cost, electricity companies tend to enhance the surplus electricity on – grid condition of breeding enterprises, such as, restricting the lowest stand – alone generation power of 500 kW, and the number of breeding enterprises satisfying this condition is less. It is hard to ensure the normal profit level of enterprises for these additional costs merely by relying on state capital allowance. Therefore, actually there is a big obstacle in the implementation of Item 31 of the *Regulation*. In the *Regulation*, all preferential policies of organic fertilizer production, transportation and use regard chemical fertilizer as reference. However, with the thorough advancement of zero increase action of chemical fertilizer, all preferential policies chemical fertilizer had in the past from production to use are gradually phased out. For example, in February 2015, National Development and Reform Commission issued the *Notice of Adjusting Railway Freight Rates and Further Perfect Pricing Mechanism*, and raised chemical fertilizer and phosphate ore railway freight rates. In September 2015, the preference for chemical fertilizer manufacturing enterprise of being exemption from value added tax was entirely abolished, and the chemical fertilizer manufacturing electricity preference is also gradually phased out. Binding the preferential policy organic fertilizer shares to the chemical fertilizer cannot adapt the situation development any more. Moreover, it has greatly increased the cost of organic fertilizer manufacturing because resource utilization is not widely accepted as the pollution control means, and the execution of organic fertilizer manufacturing which serving livestock and poultry excrement as the raw material is the industry electricity price instead of agricultural electricity price the *Regulation* regulates. According to the investigation for an enterprise of Sichuan in 2015, the reporter learnt that the enterprise was a chemical fertilizer manufacturing enterprise and had transformed into manufacturing bio – organic fertilizer. While on account of the lack of specific preferential policies related to the electricity price of organic fertilizer manufacturing, the electricity price of the enterprise in manufacturing organic fertilizer is still higher than chemical fertilizer. Thus, the enterprise had to keep a chemical fertilizer production line for earning electricity price preference.

Fourthly, it is worth discussion whether the straw should be burnt regardless of costs. China has a straw yield of 960 million tons, the rate of multipurpose utilization of about 76% , and there still has over 200 million tons of straw is not be utilized. In the harvest time of crops, straw open burning can bring short – time serious air pollution, and cause great harm to transportation and human health. In recent years, China has adopted severe straw burning policies, and taken zero – patient tough stance for fire points. Under tough stance, straw burning task in summer and autumn harvest seasons nearly has become the biggest political task for the basic level. In the level of county and township, it is almost a mass mobilization at all costs, and the attention the basic level pays is nothing less than the family planning policy in those years. Some local township leaders even are removed from office for the straw burning prohibiting work is not done well enough. Even so, straw burning still emerges despite repeated

prohibitions. Objectively, straw burning is not the most serious environ-
mental problem while almost using the severest administrative means. Straw
was a precious resource all the time and its resource property has not
changed yet. What changes is just the mode of production, and the straw
is failed to be utilized preferably. The reason for the existence of straw
burning despite repeated prohibitions lies that an appropriate way has not
been found out. We should put more resources and efforts in looking for a
way out, and clear up the obstacles of straw comprehensive utilization. For
example, in some places, crusher and cost are the main obstacles of re-
turning to field; in some places, biomass power plant or straw pelleting
plant has been established while the problem of peasant price hike has to
be faced; in some places, the rotary tillage is not deep enough and plenty
of straw is on the soil surface, making it difficult for crop roots grow in
soil, and affecting the survival and growth of seedlings. In addition, in
some places, straw turnover is well but more pest and disease damage are
coming and the pesticide dispose is also increasing. Therefore, for seeking
for a systematic solution to the straw, we should improve the rate of utili-
zation as well as reduce derivational problems.

III. Next – step policy orientation

Based on situation judgment and current policy trace, we think the o-
verall direction of the next policy is towards to the long – term, fundamen-
tal and practical efforts.

Firstly, it is well prepared for a long – term war. Now, agricultural
environmental governance is facing a historic opportunity of "social con-
sensus, determination of the Central Government, requirements of trans-
formation and food security", the agricultural development policy has
transformed into the triple objectives of "steady grain, increase of income,
and sustainability" from the dual objectives of "increase of production and
income" in the past (Du Zhixiong & Jin Shuqin, 2016); hence, we

should seize the opportunity to do well in a tough fight and overcome some difficulties in short term. When doing well in the tough fight, we should also prepare well for a protracted war. On the one hand, even though we realize the objective of "One Regulatory, Two Reduction and Three Basic" during the "13th Five – Year Plan" period, it is just a stage winning in realizing the reduction of agricultural non – point source pollution source. We should have a sufficient mental preparation for the results, for example, the statistic of future agricultural non – point source pollutant discharge may become larger and the occupation may go up, and the influence of environmental quality may become increasingly obvious, etc. On the other hand, the ultimate goal of non – point source pollution governance is realizing the improvement of environmental quality. Historical experience and international practices have told us, this will be a long process lasting for at least several decades. Therefore, we should avoid being anxious for success in policy rhyme, or it may go out of form in the policy transmission process from above to below. Also, we need to intensify public policy guidance, popularize knowledge related to agricultural non – point source to the public via objective data, scientific logic, and simple language, radically reform to avoid the popularity of radical, one – sided and subjective assuming opinions triggering excessive panic.

Secondly, it is the completion of monitoring system construction. Agricultural non – point source pollution monitoring system shall include two aspects, namely, agricultural inputs monitoring and discharge monitoring. In inputs monitoring, as the total quantity control, we should take a serious consideration of "quantity", and a mess shall be not allowed. Hence, we should establish a set of full – chain standing book system covering the production, trade, circulation and use, etc., and exactly grasp the use of fertilizer, pesticide and other agricultural inputs. In non – point source pollution discharge monitoring, Ministry of Agriculture has established 273 cropland non – point source pollution national control monitoring points and 25 large – scale farming pollutant discharge national control monitoring points from 2012. However, due to the regulation of data release right, the non – point pollution discharge data is issued by the Ministry of Environmental Protection; and due to the lack of regular monitoring, the released data generally is still the calculation based on the census data of 2007. In accordance with relevant requirements of the *Water Pollution Control Action Plan* (short for Ten Items of Water), China carried out the second national pollution census in 2016. We should take advantage of this census opportunity, encrypt and fix agricultural non – point source pollution monitoring points, integrate and complete the existing monitoring system, and have a planning and coordination in monitoring means and data release. In addition, we should reinforce discharge mechanism study between inputs use and pollutant discharge, increasingly perfect the non – point pollution discharge calculation system, exactly grasp, issue and utilize agricultural non – point pollution discharge information via the cross – validation of multi – channel and diversified source data.

Thirdly, it is to strengthen implementation of policies. First, speed up implementation of policies and measures explicitly stipulated in higher level policies; for example, refine and carry out relevant incentive measures of resource utilization of livestock and poultry manure prescribed in *Regulation on the Prevention and Control of Pollution from Large – scale Breeding of Livestock and Poultry* as soon as possible. For clauses that may lead to ambiguity, such as boundary between pollution emission and reusing in fields, introduce authoritative interpretations or implementation rules and strengthen their publicity and implementation. Second, improve the gold content of policies and strengthen implementation of policies. When drawing up documents at the department level, relevant personnel shall avoid going their own way and sacrificing quality for quantity and speed, remove unnecessary repetition to other documents and avoid new documents being summary of existing documents. Each document must be aimed at certain problem and ensure that there are objectives for assessment, measures to be taken and source of funds. Track policy (project) implementation situations and evaluate the effects; timely correct errors and make adjustment. Third, treat different problems flexibly and combine guidance and control. For non – point source pollution caused before production, take preventative measures via source reduction, while for on – point source pollution caused after production, recycle waste material via source utilization. Current supply – side structural reform in agriculture mainly lies in quality and structure of agricultural products, but the supply – side management of agricultural inputs and resource technology is especially important for environmental protection. On the one hand, for product supply, take a tougher line against production and sale of highly toxic, forbidden and poor – quality agricultural material products; on the other hand, for technology supply, especially technological means of straw and livestock and poultry manure resource, do intensive research on reasons why it is difficult to apply some techniques that seem perfect, and then give priority to make breakthroughs in technological improvement and policy promotion.

Fourthly, it is to increase investment in non – point source pollution control. Distinguish emission characteristics of industrial point source pollution and agricultural non – point source prevention in case of division of pollution control responsibilities; the "polluter pays principle" under the condition of emission as per standards is mainly observed in the field of industry, and the "beneficiary – compensating principle" is mainly observed in the field of agriculture. Agricultural production is one method for peasants to make a living, but its importance is getting weaker, which can be seen from that the percentage of agricultural management income in household income is getting lower; as one basic industry, agriculture shall provide food, clothing and other necessities for survival and agriculture is the core of China's grain safety strategy, and rural environment improvement is of extensive externality. Agriculture's public functions of safeguarding national security and maintaining biological diversity are not fully reflected in the price of agricultural products. Non – point source pollution caused by agricultural production is denounced increasingly, but what's often neglected is that investment in agricultural non – point source pollution control is pretty limited. In the years to come, contribution of agricultural non – point source pollution to emission load shall be paid more attention and financial investment in agricultural non – point source pollution control shall be increased at the same time. First, achieve "industry nurturing agriculture" in environmental protection field from the perspective of the beneficiary – compensating principle; second, financial investment matched with proportion of agricultural non – point pollution emission is necessary from the perspective of property rights and affairs equivalence.

IV. About this book

The research in the book lasted for six years. I started to work at Research Center for Rural Economy of Ministry of Agriculture in 2010. There was not any topic on environment at first, and it was because of encouragement and support from leaders of the Center and the research office that I started the topic on agricultural environment policy based on my expertise and interests. In 2012, the topic "Non – point Source Pollution Policy Design Based on Peasant's Technology Selection" I applied was funded by National Social Science Foundation projects for young scientists; this topic is the first topic I presided over in my life and it gives me confidence to continue later research. In 2015, this topic was applied for completion on schedule and was approved free from identification because of prominent policy support. In 2013, our topic "Peasant's Technology Selection under the Restriction of Environmental Objectives: Individual Behavior and System Arrangement" was funded by surface project of National Natural Science Foundation of China, and in 2016, main achievements based on this project acquired 2nd award of Jiangsu Agricultural Science and Technology. Our work was given more support and attention from relevant departments due to constant attention paid by China to agricultural environment protection. I have continuously presided over "Decision Support System Development of Agricultural Environmental Policy" funded by special funds of Ministry of Agriculture for ecological environmental protection since 2013; in 2015, the topic "Agriculture Clean Production Technology and Non – point Source Pollution Control Mode Research" we declared was titled as major research topic in planning formulation of the 13th Five – Year Plan of Ministry of Agriculture at earlier stage, and I presided over soft science topic of Ministry of Agriculture "Research on Chemical Fertilizer Zero Growth Realization Way and Countermeasures Under Double Restriction of Non – point Source Pollution Control and Food Security", and the topic achievements acquired 2nd award of soft science achievements of Ministry of Agriculture in 2015; in 2016, Ministry of Environmental Protection entrusted me to carry out the research "Cultivation and Development of Market Entities for Agricultural Non – point Source Pollution Control and Rural Sewage and Garbage Disposal", which directly supports *Scheme on Cultivation and Development of Market Entities for Agricultural Non – point Source Pollution Control and Rural Sewage and Garbage Disposal* jointly issued by Ministry of Environmental Protection, Ministry of Agriculture and Ministry of Housing and Urban – Rural Development. From 2016, we have undertaken national important R&D plan Application and Evaluation Research of Reduction and Synergy Technology of Chemical Fertilizer and Pesticide and presided over topic Ⅵ "Research on Policy Establishment of Reduction and Synergy Management of Chemical Fertilizer and Pesticide". Staged achievements of these topics have been instructed by leaders of office of rural work leading group, central communist party and Ministry of Agriculture and other ministries for many times. I was also honored to directly participate in research and drafting of some policies, including *Implementation Suggestions of Tackling Difficult Tasks in Agricultural Non - point Source Pollution Control*, *Scheme on Cultivation and Development of Market Entities for Agricultural Non - point Source Pollution Control and Rural Sewage and Garbage Disposal*, *Scheme on Construction of Test and Demonstration Areas for National Agricultural Sustainable Development* and *Management Methods of Pesticide Package Wastes Disposal*. This book was prepared while finishing above work, so I'd like to say special thanks to my leaders and colleagues for fully free selection rights, support and encouragement they have given and will still give to me at the newly - serviced stage; thank National Social Science Foundation for timely giving one young scholar the opportunity to insist on research and interests; thank leaders of office of rural work leading group, central communist party, Ministry of Agriculture and Ministry of Environmental Protection and relevant departments and bureaus for their support and trust, which gives me the opportunity to apply my research achievements to decision - making.

This book is the result of combined wisdom. All chapters are modified and improved on the basis of our pretty mature research achievements, some contents are published at academic journals and some contents are submitted to relevant departments and leaders as references for decision making. The book consists of nine chapters, and Jin Shuqin and Shen Guiyin are responsible for unifying the draft, and executers of each part of research and main contents are as follows:

Chapter I is introduction, introducing research background, overall contents and research methods of this book, and is mainly prepared by Jin Shuqin and Shen Guiyin.

Chapter Ⅱ discusses current situations and analysis of causes and is mainly prepared by Jin Shuqin, Shen Guiyin and Wei Xun. This chapter mainly reveals formation mechanism of agricultural non - point source pollution and indicates three differences between agricultural non - point source pollution and industrial pollution, namely emission way, form of pollutants and process of entry into environment. Rainfall is the main carrier taking agricultural non - point source pollution into water, rainfall has carrying effects and dilution effects at the same time, and only when carrying effects are larger than dilution effects, non - point source pollution causes poor quality of water. On the basis of analytical framework of new institutional economics built by Oliver Williamson, formulation reasons of agricultural non - point source pollution are analyzed at levels of culture, institutional environment, agricultural management modes and market resource allocation.

Chapter Ⅲ introduces management and policy analysis and is mainly prepared by Jin Shuqin and Han Dongmei. This chapter traces changes of agricultural environment management organizations in China since the meeting was held in Stockholm in 1972; environmental protection management organizations have been strengthened continuously, but agricultural environment management organizations have not been developed with the times. On the basis of introduction of important environmental policies, this chapter divides environmental management over the past forty years into five phases and analyzes main types of agricultural and rural environmental problems and countermeasures at that time by reviewing historical documents, and it is revealed that there is absence and dislocation between our countermeasures and main problems for a long time.

Chapter IV introduces relationships between peasant's chemical fertilizer application behavior and non - point source pollution and is mainly prepared by Jin Shuqin and Wu Yan. On the basis of chemical fertilizer ze-

ro growth objective, this chapter analyzes sources of chemical fertilizer ap-
plication increment, and it is showed that vegetable and corn contribute
most to chemical fertilizer application increment, but the causes are differ-
ent, the former is mainly due to expansion of the area, and the latter is
mainly due to excessive strength. This chapter further performs empirical
tests on relationships between rainfall, chemical fertilizer application be-
havior and water quality change by taking Huai River basin as the exam-
ple, and it is showed that influences of agricultural non – point source pol-
lution on water quality mainly reflect in marginal effects, that's to say,
the section with water quality between reaching the standard and exceeding
the standard may become the section with water quality exceeding the
standard due to entry of non – point source pollution, and industrial and
town point sources pollution is still the primary factor for water quality over
the standard on the whole.

Chapter V analyzes peasant's behavior of pesticide application and is
mainly prepared by Jin Shuqin and Wei Xun. Reasons of pesticide overuse
are analyzed from perspectives of trust relationship and information transfer
between dealers and peasants based on investigation of cotton growers in
Hebei. It is showed that peasants being members of cooperatives can direct-
ly obtain pretty accurate information, but for peasants not being members
of cooperatives, more familiar they are with dealers, more inaccurate the
information they obtain is. Peasants handle the information based on their
trust for information source; the degree of peasant's observation of dealer'
s suggestions is higher when the trust degree is higher. Cooperatives have
both information and trust advantages. Pesticide dose of peasants being
members of cooperatives is the lowest, which is followed by peasants buy-
ing pesticide from agricultural materials store at towns and peasants buying
pesticide from agricultural materials store at villages, and pesticide dose of
peasants buying pesticide from agricultural materials store at counties is the

highest.

Chapter VI introduces research on peasant's manure resource utilization from breeding and is mainly prepared by Jin Shuqin, Han Jingyi and Li Ran. Taking Zhejiang Province and Hunan Province as the representative of developed areas and developing areas respectively, this chapter analyzes manure resource utilization modes of peasants of different scales via case studies, including biogas production, use of microbial fermentation bed and combination of planting and feeding. And this chapter describes preliminary evaluation of main policies for current manure resource utilization from breeding.

Chapter VII describes agriculture clean production technology list and comprehensive assessment method research and is prepared by Zhou Fang and Jin Shuqin. This chapter aims to provide one technology selection list for agricultural non – point source pollution control at the next step and concludes current clean production technology suitable for planting and breeding at three stages: before production, during production and after production. To evaluate technology practicability, this chapter tries to establish indicator system and evaluation methods, which can be used as guidance for technology selection.

Chapter VIII introduces international empirical research and is prepared by Wei Shuqin, Wei Xun and Han Dongmei. This chapter describes policy system, management Practias and effects of advanced economies, such as USA, EU and Japan, in respects of planting and breeding pollution control, aiming to give some enlightenment to China's planting and breeding pollution control.

Chapter IX summarizes the research and is prepared by Jin Shuqin and Shen Guiyin. This chapter comprehensively summarizes main research conclusions of this book, and summarizes historic opportunities faced by agricultural non – point source pollution control and overall establishment of agricultural environment management system based on current situations, namely "social consensus, determination of the Central Government, requirements of transformation and food security". We surely also face long term challenges, such as chemical fertilizer and pesticide application path dependence and increasing population, so non – point source pollution control will be a constant battle and we should make full preparations both in thought and action. This chapter also proposes some specific suggestions at the end, some of which have been embodied in recent policies.

Although this book is a summary of our research in the past six years, many opinions and conclusions may not be mature and proper, and this book is just a beginning. Just as what I conclude in this book, overall establishment of agricultural environment control system has entered such a historical period of social consensus, determination of the Central Government, requirements of transformation and food security, and there is still much remained to done in the future, so I genuinely hope for discussion with colleagues from all walks of life about agricultural environment control methods so as to make due contributions to ecological civilization construction.

Last but not the least, we are supported and encouraged by leaders, colleagues, schoolmates and family members both in the process of fulfillment of above topic research tasks and preparation of this book; members of research group and me also often are guided by many experts earnestly during research process; there are so many people I want to thank that it' 's impossible to list all, but achievements are the best reward to helpers and supporters, and we will continuously make efforts to obtain more and better achievements.

Jin Shuqin

05, 2017

目　　录

第一章　导论

第一节　选题背景和研究意义

自 1972 年联合国人类环境会议宣言首次提出"保护和合理利用各种自然资源，防治污染，促进经济和社会发展，使发展同保护和改善环境协调一致"以来，农业发展与环境问题的关注度逐步提升。一方面，自然资源的退化破坏了农业生产的基础，增加了农业面对风险的脆弱性，而自然资源的不可持续性使用也造成了大量的经济损失；另一方面，农业是环境保护的主要切入点，农业是水土资源的主要使用者，温室气体的主要排放者，自然生态系统转变和生物多样性流失的重要原因。农业生产过程中引致的各类污染正在对人类赖以生存和发展的生态环境造成严重影响，并进一步威胁到农业自身的可持续发展。可以说，在世界范围内，农业发展和环境保护都是一对矛盾共同体：不当的农业发展方式会损害环境，但优良的资源环境条件又是农业得以永续发展的前提。我国当前正处于农业现代化转型关键期，从过去以投入换产量、以质量换数量的石油农业向产出高效、产品安全、资源节约、环境友好的绿色农业转型。本项目的选题基于以下四方面背景。

第一，现代农业发展正在对生态环境产生深刻的影响。自 2004 年以来，在一系列强农惠农政策的支持下，我国农业综合生产能力稳步提升，粮食生产实现历史性的"十二连增"，农民收入增长实现"十二连快"，2015 年全国粮食总产量达到 12428.7 亿斤，连续 5 年超过 11000 亿斤，我国粮食综合生产能力稳定跃上新台阶。然而，在传统农业向现代农业的快速转变过程中，除了良种和灌溉等因素外，粮食等农作物增加产量或维持高产主要靠化肥、农药、农膜等石化产品的大量使用。自 20 世纪 80 年代初至 2009 年，我国粮食作物单产提高了 73%，而化肥投入量增长了 423%，目前我国氮素化肥平均施用量已经达到每公顷 444 公斤（每亩 30 公斤，按粮食播种面积算），分别是法国、德国和美国的 352%、370% 和 766%。而过多的化学物投入必然对农业生态环境带来负面的影响。2010 年国家环保部、统计局、农业部联合发布的《第一次全国污染源普查公报》显示：农业源（不包括典型地区农村生活源）排放化学需氧量 1324.09 万吨，总氮 270.46 万吨，总磷 28.47 万吨，分别占总排放量的 43.7%、57.2%、67.3%，农业生产所造成的面源污染已经成为水体污染的主要诱因。可以说，我国农业正在变强、农民也在变富，但农村并不美。过去一段时间，农业发展主要依靠拼资源来获取足够的产量，同时带来严重的环境污染问题，资源环境的红灯已经向农业亮起①，如果说农业农村是全面建成小康社会、实现中国梦的"短板"，那么农业农村环境则是"短板"中的"短板"。

第二，农户的生产决策与技术选择行为直接决定农业生产对生态环境的影响。当前，我国农牧业生产仍然以小规模农户经营为主体，农户作为农业生产经营主体，是农业生产资源的占有者和使用者，尤其是党的十七届三中全会明确赋予农民长久不变的土地承包经营权，农户几乎可以完全自主决定其农业经营方式和技术。因此，农户在其农业生产决策与相应的技术选择过程中是否具有保护生态环境的意识、是否选择使用环境友好型农业技术将对生态环境

---

① 韩俊：《新常态下如何加快转变农业发展方式》，人民网－理论频道，http://theory.people.com.cn/n/2015/0128/c83853 – 26465039.html。

产生不同影响。由于农户文化素质较低、环境意识淡薄、获取相关技术的渠道有限，其追求利益最大化的生产经营行为，导致技术选择过程中常常忽视环境保护与生态安全问题。农药的过度使用破坏了物种多样性；化肥大量应用造成了环境污染，农膜的随意处置造成白色污染，破坏土壤结构，畜禽粪便无序排放，造成水体与土壤污染等，不仅增加了农业生产成本，也严重损害了农业生态环境。

第三，我国现行的政策与制度安排没有或较少为农户选择环境友好型的农业技术提供激励。农地流转制度不规范、投入补贴制度不合理、农民经济组织发展质量不高、技术服务体系不健全等因素阻碍了环境友好型技术的传播（向东梅，2011）；我国的环境保护政策主要关注城市和工业领域，对农业关注不够（黄英娜、张天柱，2009），导致农户没有动力和压力采取相应的污染减排行动。在不减少产量的条件下，采用环境友好型技术措施（如节水灌溉技术、测土配方施肥、使用高效低毒或生物农药、保护性耕作等）可以减轻由此带来的环境成本。但政府规制的缺失与激励机制不足（如不适当的补贴政策），缺乏采用环境友好型技术措施所要求的研究与推广系统（不能有效创造知识并向农民传授知识和决策技能），高投入种植系统的环境破坏造成的负外部性等因素的综合影响，使得农民并不愿意作出这样的技术选择。

第四，农业发展与环境保护相协调是我国农业可持续发展的必然要求。基于对我国农业发展形势的正确判断，党的十七届五中全会提出"在工业化、城镇化深入发展中同步推进农业现代化"，即"三化同步"，党的十八大又加入信息化，扩展为"四化同步"。无论"三化"还是"四化"，其关键和"短板"都是加快推进农业现代化。而农业现代化的方向是走中国特色农业现代化道路，大力发展高产、优质、高效、生态、安全农业（韩长赋，2011），最终实现产出高效、产品安全、资源节约、环境友好。因此可以说，保护生态环境、实现可持续发展已经成为中国特色农业现代化道路的内在要求。然而，相比工业污染治理而言，农业污染治理的任务更加艰巨：一方面，我国过去的环保措施集中在城市和工业领域，农业领域的环保基础几乎为空白；另一方面，我国农业发展的核心目标仍然是要保障粮食和主要农产品供给和农民增收，这在短期内仍然要求较高的农药、化肥等投入，势必进一步造成农业污染。因此，无论从农业自身的可持续发展，还是从国家的节能减排目标来看，农业发展与环境保护相协调都是必然要求。

综上，在国家发展现代农业、推进节能减排的双重目标下，设计合理的政策安排，促使农民在技术选择过程中兼顾农业和环保两大目标，对于发展现代农业、推进污染减排具有重大实践和政策意义，具体包括以下三个方面：

第一，当前，农业面源污染防治已经成为政策关注的重点，在2015年中央农村工作会议和全国农业工作会议上，农业部明确提出了农业面源污染治理"一控两减三基本"[①]的核心目标，并且针对化肥和农药的减量发布了相应的行动计划，目标是到2020年实现化肥、农药用量的"零增长"。本书主要围绕化肥、农药减量和畜禽粪便资源化利用展开理论分析、实证检验和案例研究，并提出针对性的政策建议。因此，可以说在现阶段具有非常及时的现实意义。

第二，从中长期来看，2015年3月国务院常务会审议通过了《全国农业可持续发展规划（2015—2030）》（以下简称《规划》），并且在5月正式由农业部等八部委印发。《规划》2030年的目标是农业可持续发展取得显著成效，实现农业强、农民富、农村美，具体包括六个方面：供给保障有力、资源利用高效、产地环境良好、生态系统稳定、农民生活富裕、田园风光优美。农业面源污染治理是实现农村美的重要内容，因此本书也将为《规划》目标的实现提供一定智力支持。

第三，在理论应用层面，与大多数以新古典经济学为理论依据

---

① 农业用水总量控制；化肥、农药施用量减少；地膜、秸秆、畜禽粪便基本资源化利用。

的农户研究不同，本书尝试引入新制度经济学分析框架，从四个层面解析农业面源污染产生的制度成因。环境污染本身就具有外部性，更何况是排放分散且又隐蔽的农业面源污染。因此，尽管本书是从农户入手，但是将农户置入一个较为宏大的制度背景，视角是技术选择，却并不纠结于技术本身或技术之间的优劣，更多着眼于农户为什么会做出这样或那样的技术选择。本书既是一次用制度理论进行微观（农户行为）研究的尝试，也可能为我国农业环保政策分析、评估和设计提供较好的范本。

第二节　文献回顾

农业和环境之间的复杂关系已经引起了研究工作者与决策者的广泛关注。一方面，农业对环境的负面影响推动科学家在评估与判断农业对环境产生影响的机理与大小基础上，尝试改变传统的技术创新路径，加快环境友好型农业技术与新产品的研发与应用，以期通过技术创新来消弭农业发展对自然资源与环境带来的不利影响，实现农业的可持续发展。而这样的技术与产品能否真正应用于实际的农业生产中，促使农业发展与环境保护相协调，既取决于作为生产经营主体农民的认知水平进而选择技术的行为与结果，同时也需要相应的制度安排与政府政策激励。另一方面，挖掘农业环境服务功能潜力的机会也很多，农业在减少气候变化和保护生物多样性方面发挥着核心作用（世界银行，2008），隐含着环境功能支付的新兴市场和项目是大有希望的，这同样也有助于在实践或研究中探索促进农业发展和环境保护相协调的政策安排。数十年来，随着人们关于农业对环境的负面影响认知水平不断深化，推动环境友好型技术的发展与应用，在探索农业发展与环境保护相协调，推动农业可持续发展等方面产生了诸多实际效果。有关这方面的研究成果也日益丰富。

本节粗略概述前人的研究，其逻辑框架如下：现代农业发展对环境产生的负面影响，促使人们去尝试改变传统技术路径依赖，这为发展环境友好型农业技术与产品提供了需求空间与动力，但好的技术与产品归根结底是需要人去应用。因此，作为农业生产经营主体的农户在农业生产中的技术选择行为及其影响因素就成为环境友好型技术能否得到推广应用的关键，而鼓励和支持农业发展与环境保护相协调的制度安排与政策措施则为技术发明者、应用者和所有利益相关者提供保障。围绕上述领域的文献综述与回顾，旨在阐明现有研究中农业发展与环境保护协调的逻辑思路与存在的不足，同时也勾勒出进一步研究的方向。

一 现代农业发展对环境的影响

农业具有多功能性，农业既承担着提供食品及纤维等各类初级产品的经济功能，还具有提供清洁空气、水、包纳生物多样性等环境功能。然而，人口的增加使得农业的经济功能被空前挖掘，环境功能遭到破坏。"绿色革命"以来，集约化的现代农业生产满足了世界对粮食的需求，减少了饥饿和贫困现象，同时也造成了水体污染、大气污染、土壤退化、物种灭绝等一系列环境问题（世界银行，2008）。[①]

一方面，农业投入品的不适当使用既浪费了农业生产资料，又造成环境污染排放。例如，为追求高产而过量使用的化肥，大部分成为污染的来源。根据预测，2015年我国土壤氮盈余将达到179kg/ha，接近高风险值（200kg/ha）（朱兆良等，2006）。[②] 化肥的过度使用不但破坏土壤养分平衡，影响持续生产能力，而且与河流、湖泊等水体的富营养化有直接关系（J. P. Painuly，1998）。[③] 近年来，

[①] 世界银行：《2008年世界发展报告：以农业促进发展》，清华大学出版社2008年版。

[②] 朱兆良、David Norse、孙波：《中国农业面源污染控制对策》，中国环境科学出版社2006年版。

[③] J. P. Painuly, S. Mahendra Dev. Environmental dimensions of fertilizer and pesticide use: relevance to Indian agriculture [J]. *International Journal of Environment and Pollution*, 1998, 10 (2): 273 – 288.

在每年进入长江和黄河的氮素中，分别有92%和88%来自农业，其中化肥氮约占50%（朱兆良等，2005）；[1] 进入太湖的总磷（TP）污染物中，化肥的贡献率达到70%（金苗等，2010）；[2] 在巢湖、滇池等重点流域，农业面源也是氮磷污染物的主要来源（梁流涛等，2010；黄英娜、张天柱，2008）。[3][4] 此外，过量施用氮肥会使农产品中硝酸盐过量，进入人体后被还原成亚硝酸盐，具有致癌危险（钟秀明、武雪萍，2007）。[5] 农药的过量使用不仅破坏水体、土壤、大气环境以及生物多样性，同时也对农产品质量构成严重威胁。农膜的残留影响土壤中水分的自由渗透，阻碍气、肥、热的传导，造成不同程度的减产，我国部分地区农膜残留率高达40%（蒋高明，2010）。[6]

另一方面，农牧业生产过程中废弃物、排泄物等的不适当处置也造成资源浪费和环境破坏。根据2010年污染源普查动态更新结果，畜禽养殖排放的化学需氧量（COD）约占农业源COD排放总量的96%，占全国COD排放总量的45%。我国畜禽粪便的总体土地负荷警戒值已经达到环境胁迫水平的0.49（正常值应小于0.4），很多养殖场周边的土地已经无法消纳畜禽养殖产生的沼液、沼渣和粪肥。

现代农业发展还对生物多样性造成负面影响（常进雄，2003；

① 朱兆良、孙波、杨林章等：《我国农业面源污染控制政策和措施》，《科学导报》2005年第4期。
② 金苗、任泽、史建鹏等：《太湖水体富营养化中农业面源污染的影响研究》，《环境科学与技术》2010年第10期。
③ 梁流涛、冯淑怡、曲福田：《农业面源污染形成机制：理论与实证研究》，《中国人口·资源与环境》2010年第4期。
④ 黄英娜、张天柱：《新制度时期滇池流域农业非点源污染控制对策建议》，《生态经济》2008年第6期。
⑤ 钟秀明、武雪萍：《我国农田污染与农产品质量安全现状、问题及对策》，《中国农业资源与区划》2007年第10期。
⑥ 蒋高明：《以生态循环农业破解农村环保难题》，《环境保护》2010年第19期。

李文华，2008)①②，例如农药的过度使用既杀死了害虫，有时也造成其天敌的灭绝，造成生态链断裂；推广高产品种导致区域内品种单一，多样性减少；农业活动范围的不断扩张压缩野生动物生存环境。此外，农业也是温室气体排放的重要来源。IPCC（2007）第三工作组第四次评估报告指出，在非 CO_2 温室气体排放总量中，农业排放了 84% 的 N_2O 和 47% 的 CH_4。③

综上所述，随着人类干预自然能力的增强，传统上农业和环境相互依存的平衡被打破，越来越突出地表现为制约和矛盾。这已经引起政府与非政府组织、研究部门等的高度关注，并由此引发对环境友好型农业技术以及产品的研发。

二 环境友好型农业技术发展研究动态

现代农业生产的大量技术或产品对环境造成负面影响，而那些对环境无害，或者能够在现有技术上减少环境损害的技术就可称为环境友好型农业技术。从技术被用于农业生产的环节来看，环境友好型技术主要包括预防型和末端治理型两大类。预防型技术主要从提高农资使用效率、减少无谓流失入手，主要包括节肥、节水、节药、节能等技术以及各类生物技术（环保部自然生态司，2008）。④近年来，越来越多的科学家在致力于环境友好型技术的研发。

从应用情况看，有的已经应用于农业生产并被农户等生产经营者选择使用，在促进农业产出增长与达到生态环境保护目的等方面产生了显著经济、社会与生态效益。在节肥技术领域目前较为成熟的有化肥深施技术、缓控释肥技术、测土配方施肥技术等。我国测土配方施肥项目县从 2005 年的 200 个扩大到 2009 年的 2498 个，技

---

① 常进雄：《中国农业发展过程中的生物多样性影响及一体化途径》，《中国人口·资源与环境》2003 年第 3 期。

② 李文华：《农业生态问题与综合治理》，中国农业出版社 2008 年版。

③ IPCC. IPCC Forth Assessment Report，Working Group III：Greenhouse Gas Mitigation in Agriculture [R]. Cambridge：Cambridge University Press，2007.

④ 环境保护部自然生态保护司：《农村环保实用技术》，中国环境科学出版社 2008 年版。

术推广面积达到 10 亿亩以上，主要粮食作物每亩节本增效 30 元以上，减少不合理使用氮肥 430 万吨（金书秦、王欧，2012）。[①] 在节水及水肥一体化技术领域，以色列、荷兰等国家已经有较为广泛的应用，我国也在西部干旱地区积极借鉴上述国家的成功经验。在农药技术领域，农药缓释技术已经较大规模地进入生产领域，在棉花种植上使用缩节胺已经成为一项常规技术（周家正，2010）;[②] 在畜禽养殖领域，"生物发酵舍零排放养猪技术"也有较多应用。末端治理技术则基本脱离农户的生产行为，而是在排放的末端通过生物修复、化学处理等方法减少污染物的排放，例如农村生活垃圾填埋、农村生活污水处理、土壤重金属污染修复等技术已经被列入国家"水体污染控制与治理科技重大专项"的研发任务。

环境友好型技术的研发与应用为实现农业发展与环境协调提供了技术上的可能性，然而农户是农业生产资源的占有者和使用者，其对农业技术的选择直接决定农业生产对生态环境的影响。许多技术与产品由于受其本身的可应用性、研究与推广体制问题、农户的接受程度等制约而没有实际应用于生产过程中。

三　基于农业发展与环境保护相协调的农户技术选择

农户是农业生产资源的占有者和使用者，在其农业生产决策与相应的技术选择过程中是否具有保护生态环境的意识、是否选择使用环境友好型农业技术将对生态环境产生不同影响。由于农户文化素质较低、环境意识淡薄、获取相关技术的渠道有限（陈超、周宁，2007）[③]，其追求利益最大化的生产经营行为，导致技术选择过程中常常忽视环境保护与生态安全问题。农户过量使用化学投入，不当处置畜禽粪便，是造成面源排放的主要原因（韩洪云、杨增

---

① 金书秦、王欧:《农业面源污染防治与补偿:洱海实践及启示》,《调研世界》2012 年第 2 期。

② 周家正:《新农村建设环境污染治理技术与应用》,科学出版社 2010 年版。

③ 陈超、周宁:《农民文化素质的差异对农业生产和技术选择渠道的影响:基于全国十省农民调查问卷的分析》,《中国农村经济》2007 年第 9 期。

旭，2010）。① 在农户技术选择方面，文化程度、技术培训、组织化程度、土地制度、政府扶持等都是重要影响因素（俞海、黄季焜等，2003；IFPRI，2008；黄季焜、胡瑞法等，2009；庄丽娟等，2010）②③④⑤。例如，农户对新技术的需求随着劳动力转移程度的增加而下降（展进涛、陈超，2009）。此外，随着农户家庭非农收入的增加，农户有能力承担由于放弃某些新技术所带来的减产或收入减少，因此对部分技术（如良种）的需求也会下降（黄季焜等，1993）。⑥ 由于知识和信息的局限，很大一部分农民不具备阅读的基本功能，他们在技术选择方面最主要的依据就是"自身经验"或"跟着其他农民学"（陈超、周宁，2007），并且目前所采取的大部分限于物化的技术（李艳华、奉公，2010）。⑦

对于农户而言，由于认知、信息、技能等方面限制，环境友好型农业技术具有更大的不确定性。因此，当农户面对是否选择环境友好型技术时，几方面原因导致其选择不可持续的生产技术：一是农户环境意识薄弱，对于其农业行为的环境影响认识不够。饶静、纪晓婷（2011）通过对200个农户的调查发现，75.3%农户认为农业活动对环境无害；⑧ 金书秦等（2011）对湖北、江苏、湖南、江

① 韩洪云、杨增旭：《农户农业面源污染治理政策接受意愿的实证分析——以陕西眉县为例》，《中国农村经济》2010年第1期。

② 俞海、黄季焜等：《地权稳定性、土地流转与农地资源持续利用》，《经济研究》2003年第9期。

③ IFPRI Discussion Paper 00798. Analyzing the Determinants of Farmers' Choice of Adaptation Methods and Perceptions of Climate Change in the Nile Basin of Ethiopia, 2008.

④ 黄季焜、胡瑞法、智华勇：《基层农业技术推广体系30年发展与改革：政策评估和建议》，《农业技术经济》2009年第1期。

⑤ 庄丽娟、张杰、齐文娥：《广东农户技术选择行为及影响因素的实证分析——以广东省445户荔枝种植户的调查为例》，《科技管理研究》2010年第8期。

⑥ 黄季焜、Scott Rozelle：《技术进步和农业生产发展的原动力——水稻生产力增长的分析》，《农业技术经济》1993年第6期。

⑦ 李艳华、奉公：《我国农业技术需求与采用现状：基于农户调研的分析》，《农业经济》，2010年第11期。

⑧ 饶静、纪晓婷：《微观视角下的我国农业面源污染治理困境分析》，《农业技术经济》2011年第12期。

西四省的 260 个农户调查显示，只有 30% 左右的农户认为化肥、农药的使用对环境有害。[1] 二是农户风险偏好因素。农户对于风险的判断在选择节水灌溉方面有较大影响，在农户对节水灌溉判断没有风险（主要只针对其产量）时，他们更愿意采取节水灌溉技术；反之则不会（刘国勇、陈彤，2010）。[2] 三是制度和政策安排因素。现有的农地流转制度不规范、投入补贴制度不合理、农民经济组织发展质量不高、技术服务体系不健全等因素阻碍了环境友好技术的传播（向东梅，2011）。[3] 四是资源禀赋和经营规模因素。例如水资源越短缺，或地块面积越大，农户越容易选择管道灌溉、微灌等节水技术（韩青、谭向勇，2004）。[4] 五是价格及家庭收入因素的影响。马骥（2006）的研究表明化肥价格每上涨 1%，农户会减少粮食作物 0.629% 的化肥施用量[5]，巩前文等（2008）的研究表明农户家庭现金收入越多，越倾向于购买化肥，而不是施用农家肥。[6] 我国化肥价格长期低于国际市场，农产品商品化率日益提高、非农收入不断增加，且农户现金收入越来越多，这两方面因素促使了我国农民在化肥方面的过度使用。其他方面，还有农户施肥、用药习惯以及农村劳动力结构等因素的制约，例如农村"空心化"、劳动力老龄化使得有机肥越来越少被用于农业生产。

---

① 金书秦、杜珉、魏珣、孙雨：《棉花种植的环境影响及可持续发展建议》，《中国农业科技导报》2011 年第 6 期。

② 刘国勇、陈彤：《新疆焉耆盆地农户主动选择节水灌溉技术的实证研究》，《新疆农业大学学报》2010 年第 5 期。

③ 向东梅：《促进农户采用环境友好技术的制度安排与选择分析》，《重庆大学学报》（社会科学版）2011 年第 1 期。

④ 韩青、谭向勇：《农户灌溉技术选择的影响因素分析》，《中国农村经济》2004 年第 1 期。

⑤ 马骥：《农户粮食作物化肥施用量及其影响因素分析——以华北平原为例》，《农业技术经济》2006 年第 6 期。

⑥ 巩前文、张俊飙、李瑾：《农户施肥量决策的影响因素实证分析——基于湖北省调查数据的分析》，《农业技术经济》2008 年第 10 期。

环境友好型农业技术的采用具有正的外部性（金书秦，2011）①，因此往往需要一定的政策干预才能促使农民的选择行为发生改变，政策制定者和研究者也在不断探索有效的政策干预手段与相应的制度安排。

四 农业发展与环境保护相协调的制度安排与政策激励

相应的政策与制度安排在实现农业发展与环境保护相协调的目标中发挥重要作用。在实践中，各国在不断探索促进农业发展与环境保护相协调的政策和制度安排。在这方面国际上主要有两类政策手段，一是基于正面激励的手段，例如美国的最佳管理实践（BMPs）从技术选择上引导农民保护环境，以工程、补贴、技术培训和教育等方式，鼓励农民选择环境友好的生产技术（Brian M. Dowd et al. ，2008）②，哥斯达黎加为了遏制森林退化，推出国家生态补偿计划（金书秦、王欧，2012）③；二是基于环境管制与税费手段，例如荷兰的矿物质账户系统，挪威、匈牙利、丹麦的化肥税政策。我国在农业面源污染防治方面仍处于探索阶段。例如洱海、淮河等重点流域在国家相关项目的支持下，试行生态补偿制度，但补偿措施主要局限为对农民的现金补偿，较少将技术扶持、教育培训等纳入补偿的框架；我国在较大范围实施了测土配方项目示范，取得了一定成效。然而，这类项目往往缺乏长效机制，项目一旦停止就难以为继。与之相反的是，不适当的政策或制度安排在实现其片面目标的同时可能给环境带来更大的影响。一项研究（Anderson，et al. ，1992）验证了一些国家的农业补贴规模与这些国家的化肥使用量相关。那些财政补贴多的国家比那些补贴少甚至没有补贴的国

---

① 金书秦：《流域水污染防治政策设计：外部性理论创新和应用》，冶金工业出版社 2011 年版。

② Brian M. Dowd et al. ，2008. Agricultural Nonpoint Source Water Pollution Policy：The case of California's Central Coast［J］. Agriculture, Ecosystems and Environment（128），151 - 161.

③ 金书秦、王欧：《农业面源污染防治与补偿：洱海实践及启示》，《调研世界》2012 年第 2 期。

家使用了多得多的化肥。① 补贴让使用低效率和不可持续的肥料成为可能。在中国也有类似的情况，为了促进农业增产增收，我国在化肥生产和消费两端都进行了政策干预，如在生产环节进行电价、运输优惠，在消费环节实行补贴，研究表明这些干预政策在一定程度上鼓励了农户对化肥的过度使用（黄文芳，2011）。②

　　值得注意的是，现有有关研究中，从满足农业发展与环境双重目标出发研究相应的政策与制度安排方面显然涉及不多。比较多的研究涉及单一目标，如保障农产品质量安全的角度，或者保障农业生态安全的角度进行相应政策设计与制度创新研究。例如江应松、李慧明等（2005）将农产品质量安全问题归结为外部性，建议使用科斯手段，通过明晰产权、建立追溯体系，发展社会化服务（如统防统治服务公司）。③ 李庆江等（2010）从保障农产品质量安全的角度提出了农业生态补偿的框架，其中尤为重要的是对环境友好型技术的补偿。④ 钟真（2011）的研究表明，要保障生鲜乳的品质和安全，"如何养牛"（生产组织方式）和"如何卖奶"（市场交易方式）同样重要，规范的奶农合作社是较理想的选择。⑤ Leon G. M. Gorris（2005）从保障不同健康水平的目标对食品供应链管理体系的构建进行了探讨。Imca Sampers（2010）对 HACCP 体系的实施对食品安全水平的影响程度进行了半定量化的研究。也有一些研究是从消费者对于食品质量的需求出发，例如张莉侠、刘刚

　　① Anderson, Kym, and Richard Blackhurst, eds. The Greening of World Trade Issues [M]. Ann Arbor: University of Michigan Press, 1992.
　　② 黄文芳：《农业化肥污染的政策成因及对策分析》，《生态环境学报》2011 年第 1 期。
　　③ 江应松、李慧明、康茹：《解决农产品质量安全问题的理论与方法初探》，《现代财经》2005 年第 2 期。
　　④ 李庆江等：《基于农业生态补偿的农产品质量安全问题研究》，《安徽农业科学》2010 年第 34 期。
　　⑤ 钟真：《生产组织方式、市场交易类型与生鲜乳质量安全——基于全面质量安全观的实证分析》，《农业技术经济》2011 年第 1 期。

（2010）对消费者的搜寻费用研究；[①] 冯忠泽、李庆江（2008）对消费者关于产品质量安全的认知研究等。[②]

又如，也有学者从"农业生态安全"或"农业可持续发展"的宏观愿景出发。陈明（2011）认为，保障农业生态安全，应当从培养农民的公民主体意识入手，通过完善市场经济制度、加强宣传教育等方式促进农民参与农业生态安全的保护。[③] 刘助仁（2009）提出应当从战略、制度、政策、技术等各个层次关注中国的农业生态安全，着力构建中国的"农业绿色技术体系"。[④] 苏美岩（2006）认为，造成我国农业生态不安全的主要原因是人口众多、资源短缺、工农业污染，应当倡导生育文明、发展生态农业、加强农业生态安全预警和评估等。[⑤]

总体而言，已有的政策安排、研究探索视角或目标较为单一，要么强调环境保护而忽视农业发展，要么仅关注农产品自身而忽视生态环境，较少从制度层面从政府指导、市场引导、农户意愿的全局给予考虑，因此政策措施或建议具有较强的部门色彩。另外，在具体操作上，较多关注"政府应该怎么做"，而缺少关注"农民应该怎么做"，这恰恰忽视了农户的经营主体地位对农业生态环境的直接影响。

---

① 张莉侠、刘刚：《消费者对生鲜食品质量安全信息搜寻行为的实证分析——基于上海市生鲜食品消费的调查》，《农业技术经济》2010 年第 2 期。
② 冯忠泽、李庆江：《消费者农产品质量安全认知及影响因素分析——基于全国 7 省 9 市的实证分析》，《中国农村经济》2008 年第 1 期。
③ 同上。
④ 刘助仁：《中国农业生态环境安全问题与战略应对》，《环境保护》2009 年第 23 期。
⑤ 苏美岩：《试论我国农业生态安全》，《安徽农业科学》2006 年第 15 期。

第三节 研究范围和内容

一 研究范围界定

为了清晰地界定本课题的研究范围，首先基于已有的文献及本课题的实际，对以下几个概念进行界定：

1. 农户

农户是本书关注的基本单元。农户的概念本身比较明确，农户主要是以家庭为单元，从农业经营角度，以自家劳动力为主，不存在长期雇工。近年来，由于经营主体多样性的不断丰富，学界对于农户的讨论主要关注在其主体地位和分类上。

首先，农户在我国农业经营中的主体地位是明确的。陈锡文（2011）认为，农户是中国农业生产的基本经营单位，尽管农业经营主体从单一走向多元，新型农户不断涌现，但是中国农业还未发展到必须更换经营主体的时候。① 即便在未来，小规模的家庭农场将会在相当长期延续下去，这既是出于中国独特的制度环境，也是出于小规模农业在种植和养殖方面的多重优越性（黄宗智，2010）。②

当然，农户的类型也在分化。黄祖辉、俞宁（2010）将农业经营者划分为传统农户、专业种植与养殖户、经营与服务性农户、半工半农型农户和非农农户五种主要类型。③ 陈春生（2007）将现有农户分为五种类型，即处于分化过程两极的传统农户和非农农户、处于分化中间阶段的专业种植与养殖户、经营与服务性农户和半工

---

① 陈锡文：《陈锡文谈农业经营问题》，《林业经济》2011年第3期。
② 黄宗智：《龙头企业还是合作组织？》，《中国老区建设》2010年第4期。
③ 黄祖辉、俞宁：《新型农业经营主体：现状、约束与发展思路——以浙江省为例的分析》，《中国农村经济》2010年第10期。

半农型农户（陈春生，2007）。① 针对农户规模，例如张蕾等
（2009）将种粮户播种面积的范围界定为：小规模为小于 5 亩，中
规模为 5—10 亩，大规模为 10—50 亩，规模化为大于 50 亩。② 仇焕
广等（2012）对畜禽养殖户的规模界定为：猪的小、中、大规模分
别为小于 50 头、50—100 头、大于 100 头；家禽的小、中、大规模
分别为小于 1000 只、1000—3000 只、大于 3000 只。③

本书不过多区分农户的类型，只是因为农户是农业行为的主体，
将其作为分析的对象。

2. 技术选择

在发展经济学中，技术选择是一个较为常用的概念，并不限于
某项具体的"技术"，既可以是一国或地区的发展模式，还可以是
产业层次的资本和劳动力结构，也可以是微观个体的行为选择。根
据 Hayami 和 Ruttan（1971）的要素稀缺诱致性技术创新假说④，农
户做出技术选择的动机来自要素价格的差异，农户倾向于选择节约
稀缺（即相对价格更高）要素的生产技术，以获得要素投入、边际
收入的最大化。在传统的农业经济研究中，农业生产最为核心的两
类要素就是土地和劳动力⑤，技术选择的主要目的要么是节约劳动
力，要么是节约土地。较少将其他自然资源或环境损害纳入生产要
素的范围，这在农户的决策中更是如此。例如在农业生产中，农户
选择使用化肥，而不是有机肥，很重要的原因是出于节约劳动力，
几乎不会考虑由于有机肥投入而导致的相关环境要素改善（例如减
少了畜禽污染排放对水体的影响、增加了土壤有机质等）。

① 陈春生：《中国农户的演化逻辑与分类》，《农业经济问题》2007 年第 11 期。
② 张蕾、陈超、展进涛：《农户农业技术信息的获取渠道与需求状况分析——基于
13 个粮食主产省份 411 个县的抽样调查》，《农业经济问题》2009 年第 11 期。
③ 仇焕广、严健标、蔡亚庆、李瑾：《我国专业畜禽养殖的污染排放与治理对策分
析》，《农业技术经济》2012 年第 5 期。
④ Yujiro Hayami and Vernon Ruttan. Agricultural Development：An International Perspec-
tive. Baltimore：The Johns Hopkins University Press，1971.
⑤ 常向阳、姚华锋：《农业技术选择影响因素的实证分析》，《中国农村经济》2005
年第 10 期。

本书也沿袭这一传统，技术选择的主体是农户，但是并不局限于某项应用层次上的技术，而更多反映的是其行为，包括其使用的生产资料和使用方式，甚至可以更加广泛到其与农业生产相关的行为。下文中，化肥用量、农药用量、畜禽粪便处理方式等，均属于技术选择的范畴。

3. 农业面源污染

美国《清洁水法案》将面源（非点源）定义为"任何不符合法案中规定的'点源'定义的水污染源"。面源污染来自众多分散的污染源，主要由径流或冰雪融化带入的天然或人造污染物，最后进入湖泊、河流、湿地、海滨和地下水。面源污染的来源通常包括:①农田中过量的化肥、农药和除草剂的使用；城市径流和能源生产带来的油、动物油脂和化学有毒物质；管理不当的建筑场地、农田、林地和河岸侵蚀带来的沉积物；灌溉活动中的盐分和废矿的酸性废水排放；畜禽、宠物和不当的化粪系统产生的细菌和养分物质；大气沉降和水电改造产生的污染物。可见，面源污染不限于农业来源，但从以上定义和范围可以看出，农业面源污染总体上是由于化肥、农药、地膜、饲料、兽药等化学投入品使用不当，以及作物秸秆、畜禽废弃物、农村生活污水、生活垃圾等农业（或农村）废弃物处理不当或不及时，造成的对农业生态环境的污染。

本书主要关注由于农业生产（包括种植和养殖）所导致的分散性污染排放，且主要聚焦于对水体产生影响的污染物，主要包括种植业中化学投入和养殖业的废弃物排放。

二 研究内容安排

全书的逻辑思路如下：农业面源污染的最重要来源是种植业的化学投入品流失和养殖业畜禽粪尿的排放；种植业污染来源主要包括化肥和农药，其造成污染的主要原因是过度投入问题，养殖业造

---

① 美国环保署（USEPA）官网，http: //www. epa. gov/oecaagct/lcwa. html # Non-point% 20Source% 20Pollution，查询日期 2015 年 4 月 13 日。

成污染的主要原因是畜禽粪尿的有效利用不足。针对这些问题，在
研究内容的设置上，分别对其问题产生的制度和政策成因进行分
析；通过案例地区调研、基于公开数据进行计量分析找出农户技术
选择行为与面源排放的关系，并找出导致问题的微观原因；基于农
户意愿调查，了解其参与面源污染防治的偏好；对现有的农业清洁
生产技术进行分析和初步评价，分析制约清洁生产技术采用的原
因；梳理国际经验，以望借鉴他山之石；综合以上的研究内容，提
出农业面源污染治理的政策建议。研究整体框架如图 1－1 所示。

除第一章外，全书余下的章节安排如下：

第二章分析我国农业面源污染的现状和成因。首先对农业面源
污染的范围进行界定；接下来基于已有的公开数据，分析中国农业
面源污染排放的总体形势和主要来源；再次从科学层面揭示农业面
源污染形成的机理，以及面源污染排放对水质的双重影响；运用新
制度经济学的分析框架，从文化、政策安排、经营方式、市场四个
层面分析面源污染形成的制度成因。

第三章主要从政策和管理角度，分析自 1973 年我国正式开展环
境管理以来，国家环境保护机构和农业农村环境管理机构的变迁。
更进一步，通过对历史文献的回顾，将我国农业环境治理大致分成
五个阶段，分析当时的农村环境问题的表现形式，政策应对措施，
对应对措施与环境问题的适应性进行初步评价。

第四章、第五章、第六章是实证研究部分，分别选择与农业面
源污染排放最密切相关的三类行为进行分析，即农户施肥行为、农
户打药行为、养殖粪便综合利用及排放行为。针对三类行为又各有
侧重。选择侧重点的主要依据是结合问题本身特征，回应社会关
切，弥补学界研究的不足。在研究化肥时，社会关注的是如何减
量，对于化肥过度使用的事实已经达成共识，但是化肥流失对水体
环境质量的影响缺乏科学的论证，因此化肥部分主要关注化肥的使
用去向，以及农户施肥行为对水质的影响。农药同样是过量使用问
题，但农药本身显然比化肥复杂得多，一方面农药的成分复杂，相

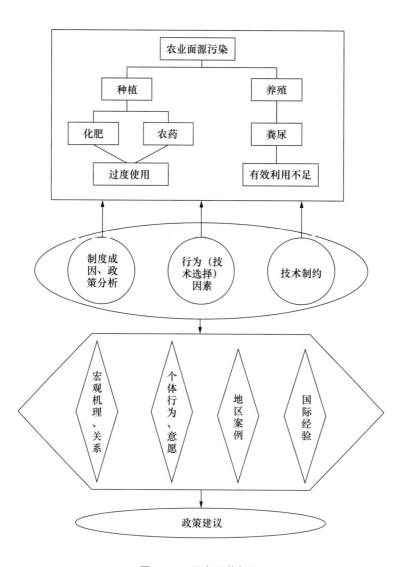

图 1 - 1 研究总体框架

比化肥主要包含氮磷钾而言,农药的活性成分有上千种,且毒性又与浓度休戚相关;另一方面,相比化肥而言,农户对于农药的使用往往更加谨慎,因为化肥少用一点可能是减产,但是农药使用不当可能造成绝收。对农户打药而言,信息、知识,以及获得信息和知识的渠道,农户对信息来源的信任度尤其重要。因此,研究农药时，主要从信任和信息两个角度分析农户为什么会过度用药。找准了原因，有助于更加有效地推行农药减量。畜禽粪便之所以形成污染，主要是有效利用不足的问题，其减量化的路径也是综合利用。但各地甚至农户之间对于畜禽粪便利用的差异很大程度上取决于当地种养结构，因此，以案例研究的方式分别考察不同地区、农户以不同方式利用畜禽粪便。找出利用不足的原因，提出改进的建议。

第七章对我国现有的农业清洁生产技术体系进行了梳理，从技术在生产中使用的环节和所对应的环境要素两个维度，形成矩阵式的农业清洁生产技术清单，并且设计了评价方法和指标体系，对技术的操作简易性、经济可行性、环境友好性三个方面进行评估。

第八章是国际经验研究，对国际上一些发达国家（美国、欧盟、日本等）在种植业和养殖业污染防治方面的政策措施及其效果进行了较为系统的梳理，并指出对我国的启示意义。

第九章是政策建议部分，从全面构建农业环境治理的高度论述了当前面临的机遇和挑战，针对农业面源污染防治"一控两减三基本"的目标，提出了具体的政策建议。

第四节　研究方法和数据来源

研究主要使用文献分析、问卷调查、条件价值评估、计量分析、案例研究等方法，各有关章的具体应用情况如下：

（1）文献分析法。第一章基于已有文献对现代农业发展对环境的影响进行梳理，对环境友好型技术、政策、制度等方面的研究进行了归纳和梳理。第二章基于已有文献，借鉴使用制度经济学分析框架；分析农业行为和面源污染之间的科学机理。第三章基于1970年至今的历史文献，对各阶段我国农村环境问题、应对策略、管理机构进行了分析。第八章主要基于国内外文献，梳理了农业面源污染防治的国际经验。

（2）问卷调查。第五章针对曲周县农户的农药使用情况进行了问卷调查。

（3）计量经济模型。第四章应用计量经济模型定量测度了淮河流域农户施肥行为与监测断面水质变化之间的关系，运用差分广义矩估计（difference - GMM）和系统广义矩估计（system - GMM）两种方法对估计结果的稳健性进行了检验。

（4）案例研究。第六章分别以浙江、湖南两省的相关地区为对象，对畜禽粪便资源化利用方式、政策支持等问题进行了案例研究。

（5）专家咨询法。第四章关于淮河流域有关地区施肥季节、第七章有关农业清洁生产技术评价指标等部分数据和信息来自对有关专家的询问和咨询。

本书使用了大量数据，既包括来自文献、普查和统计资料的二手数据，也包括从有关部门获取的监测数据，还有课题组调研获得的一手数据，主要应用情况如下：

（1）普查和统计数据：主要包括《第一次全国污染源普查报告》《中国统计年鉴》《中国环境统计年鉴》《中国农业统计年鉴》《全国农产品成本收益资料汇编》等。主要应用在第一章、第二章、第四章。

（2）环保和气象部门连续监测数据。第四章关于淮河流域监测断面的水质数据来自环境保护部数据中心每周发布的《全国主要流域重点断面水质自动监测周报》，降水量数据是中国气象局国家级地面气象观测站的 8 时前的 24 小时降水数据。

（3）调查数据。第五章关于农户的农药购买、使用等数据来自课题组 2012—2013 年在河北曲周县的农户调研，共收集农户有效问卷 160 份，农资店问卷 10 份。

第五节　可能的创新与不足

本书可能的创新之处有以下几方面：

第一，首次系统应用新制度经济学分析框架解释农业面源污染产生的原因。国内关于新制度经济学的研究在土地、公司治理等方面应用较多，但是对制度进行系统分类和分析的研究较少。在农业领域，2012 年获得全国百篇优秀博士论文的《农地非农化的效率：资源配置、治理结构与制度环境》①是为数不多的规范和系统应用该框架的实证性研究。本书从文化、制度环境、经营方式、资源配置四个层面剖析了农业面源污染的成因，跳出了主流文献立足于农户微观行为的研究范式，也为相关政策的制定提供了更为宽泛的视角。

第二，定量分析了农户行为和水体环境质量变化之间的关系。第四章在淮河流域关于农户施肥行为和水质变化之间关系的研究，是经济学领域农业面源污染定量化研究的首次尝试。已有的研究大多集中在对排放量的估算、治理或恢复成本核算等方面。本书同时考虑降水对污染物的携带和稀释作用，从水质变化结果反推污染形成过程，克服了经济学研究对于科学机理理解和掌握的不足，得出的结论对于抓住水环境治理的"牛鼻子"具有较强的针对性。

第三，研究内容的全面性。近年来，关于农业面源污染的研究很多，有的侧重农户、有的侧重政策。本书尽管立足于农户，但是从总体视角上，综合了行为、技术、制度三个方面，全书也始终贯穿"农户的技术选择是特定制度环境下的最优选择"这样一个思路，使得对结果的解释、对政策的建议更接近现实。此外，本书还对 1973 年新中国开始环境工作以来 40 多年的演进情况进行了回顾

---

① 该论文作者为南京农业大学博士毕业生谭荣。

和分析，这使得一些农业环境问题的解释具有历史视角。

本书还存在诸多不足，突出表现在：

第一，由于农业清洁生产技术种类繁多，且专业性很强，本书设计了从三方面（包括经济可行性、操作简易性、环境友好性）评价技术的指标体系，但是没有对所列的技术清单进行深入的评估。

第二，在实证研究中，对面源污染问题的分类从种植和养殖两个方面区分，最后也提出了各自解决的一些建议。但是这种方法一定程度上割裂了种植和养殖的内在联系，而实际上种养结合不失为农业面源污染防治的一种途径，尽管在政策建议中有所体现，但是单就选择研究问题方面，缺乏对种养结合作为一体化的考虑。

第三，在实证研究中，对于解释变量的选择仍然有限。例如，由于缺乏更为详细的信息，第四章对农户化肥施用行为主要用是否为施肥季来反映，这使得指标不具有连续性，如果能够用农户化肥的施用量和使用时间两个维度，将使得结果更加稳健。又如，在对农户农药过度使用问题上，使用信任和信息两个变量解释了其过度使用的原因和机理，但是对于这两个变量之间的关系却没有深入研究，正如该章结尾所讨论的，信任和信息之间可能存在内生关系，检验二者之间的关系可能有更多有意义的发现。

第二章　我国农业面源污染排放现状和成因

第一节　农业面源污染的特征和危害

根据第一章的界定，本书主要关注农业生产环节分散排放、对水体环境质量产生影响的污染问题。

面源污染是和点源污染相对而言的，又叫非点源污染。从排放特性来看，农业面源污染具有分散性和隐蔽性、随机性和不确定性、滞后性和风险性等特点，与工业点源污染有四个本质区别：一是排放形式具有分散性。面源为分散排放，点源为集中排放，面源的污染"密度"远远低于点源。二是污染物具有资源性。农业排放的主要污染物是氮磷，实际上是营养资源，工业排放的污染物则五花八门，有些对人体造成严重损害。三是进入环境的过程具有间接性。以进入水体为例，点源通过排污口直接进入水体，面源则先经过土壤的缓冲，再由地表径流或雨水淋溶进入水体。四是排放动机具有非主观性。工业排放是生产末端所产生的废物，处理起来需要增加费用，工业企业具有偷排、超排的动力；而农业排放则多为生产原料（如农药、化肥等），农业排放隐含着排放主体（农户）生产成本的增加。[1]

----

[1]　金书秦、沈贵银、魏珣、韩允垒：《论农业面源污染的产生和应对》，《农业经济问题》2013 年第 11 期。

　　农业面源污染造成的危害主要有四个方面：一是危害水体功能，影响水资源的可持续利用，表现为地表水的富营养化和地下水的硝酸盐含量超标；二是危害大气环境，影响农村空气质量，表现为煤烟型污染和烟尘排放超标；三是危害农田土壤环境，影响土地生产能力和可持续利用能力，表现为土壤有害物质超标和土壤结构遭受破坏；四是危害农村生态环境，影响农村居民的生活环境质量，表现为"柴草乱堆、污水乱流、粪土乱丢、垃圾乱倒、杂物乱放"。

第二节　中国农业面源污染总体形势和来源分析

　　第一次全国污染源普查显示，2007 年全国农业源的化学需氧量（COD）、总氮和总磷排放分别达到 1324 万吨、270 万吨和 28 万吨，分别占全国排放总量的 43.7%、57.2% 和 67.4%。2010 年污染源普查动态更新结果，农业源化学需氧量（COD）排放总量为 1204 万吨，约占全国 COD 排放总量的 47.6%。表 2 - 1 是近年来历次普查和统计的数据。

表 2 - 1　　　　　　　　　　农业面源污染排放状况

年份/数据来源	化学需氧量		总氮或氨氮	
	农业排放量（万吨）	占全国排放总量比例（%）	农业排放量（万吨）	占全国排放总量比例（%）
2007 年第一次污染普查	1324.09	43.7	270.46（总氮）	57.2
2010 年污染普查动态更新	1204	47.6	83（氨氮）	31
2012 年中国环境状况公报	1153.8	47.6	80.6（氨氮）	31.8

　　根据本书的界定，农业面源污染的来源主要包括两个方面：一是种植行业由于过量和不当使用化学产品（化肥、农药）所导致的水体

污染；二是养殖行业（畜牧、水产）的废弃物排放。其中，畜禽养殖排放的 COD 约占农业源 COD 排放总量的 96%。也就是说，畜禽养殖业的 COD 排放量占全国 COD 总量的比例达 45%。农业源氨氮排放总量为 83 万吨，约占全国氨氮总量的 31%。其中，畜禽养殖氨氮约占农业源氨氮排放总量的 44%，其余主要为化肥的氮磷流失。农业已经成为水体污染的重要来源。在全国普查的基础上，近年来农业部进行了典型调查与定位监测，结果显示农业面源污染状况仍呈加重趋势，2012 年农业面源排放的 COD、总氮、总磷比 2007 年分别增加了22.9%、17.2% 和 12.0%。从农业面源的构成来看，畜禽养殖业和种植业的污染物排放量较大，化肥、农药和农膜等农用化学品投入是其主要来源（见表 2-2）。

表 2-2　　　　　　　　　2012 年农业源各类污染物排放量

种类	化学需氧量（COD）		总氮（TN）		总磷（TP）	
	排放（万吨）	比重（%）	排放（万吨）	比重（%）	排放（万吨）	比重（%）
种植业	—	—	160.5	50.6	10.5	32.9
畜禽养殖业	1532.8	95.8	146.6	46.2	19.5	61.1
水产养殖业	67.7	4.2	9.9	3.1	1.9	6.0
农业源合计	1600.5	100	317.0	100	31.9	100

资料来源：农业部：《2012 年中国农业面源污染状况》，2013 年 12 月。

一　化学投入品用量持续增长

我国农业生产使用大量化学物品，然而其有效利用率却不高，化肥的当季吸收率为 35% 左右，农药的有效利用率为 15%—30%[1]，农

---

[1]　朱兆良、David Norse、孙波：《中国农业面源污染控制对策》，中国环境科学出版社 2006 年版。

膜残留率最高达 40%。① 化学物品的过度使用不仅浪费了生产资料，而且造成严重的面源污染排放。

　　在化肥施用方面，从 1978 年有统计以来，当年用量为 884 万吨，到 2013 年化肥用量为 5912 万吨，化肥施用强度为 485.71kg/ha，（耕地面积按照 12171.59 万 ha），远超国际安全使用水平（225kg/ha）。根据测算，每年用于农业的全氮的约 17%、全磷的约 2.4% 最终进入了河流和湖泊，是造成富营养化的重要原因。②

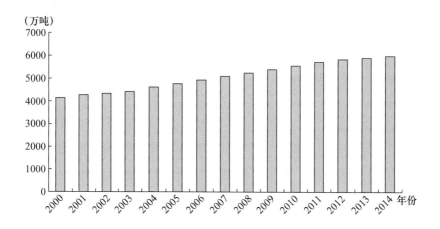

图 2 - 1　我国历年来化学施用量（折纯）

资料来源:《中国统计年鉴》。

　　从我国化肥使用结构来看（见图 2 - 2），氮肥用量最大，钾肥用量最小，复合肥用量在 1995 年超过磷肥成为第二大化肥；从比例来看，氮肥所占的比例呈下降趋势，从 1980 年的 73.6% 下降到 2010 年的 42.3%；复合肥所占的比例呈上升趋势，钾肥比例也有所上升。这在一定程度上反映了我国化肥结构的不断优化。

---

① 蒋高明:《以生态循环农业破解农村环保难题》,《环境保护》2010 年第 19 期。

② Norse D. and Z. L. Zhu. 2004. Policy Response to Non - Point Pollution from China's Crop Production. Special report by the Take Force on Non - Point Pollution from Crop Production of the China Council for International Cooperation on Environment and Development（CCICED）. Beijing.

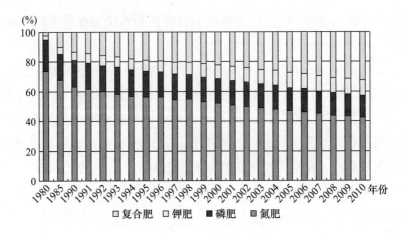

图 2 – 2　我国化肥使用结构

资料来源:《中国统计年鉴》。

我国化肥的过度使用事实已经从多个角度得到验证。从单位面积耕地平均化肥施用量来看,我国化肥施用强度远超国际安全使用水平。从经济角度来看,在主要粮食作物的种植过程中,我国农户化肥的施用量已经不符合利润最大化的理性假设(彭超,2012);[①] 从有效吸收率来看,我国化肥有效吸收率远低于发达国家水平,中国的耕地面积与美国基本相当,但是化肥用量确比美国多出 1 倍(Gale,2010)。[②] 已有研究显示,我国种植业使用的化肥中,被作物有效吸收的比例仅在 35% 左右(见表 2 – 3),大部分成为污染的来源,造成地表水体富营养化、地下水硝酸盐富集、酸雨等环境问题。

另外,农药使用量持续增加(见图 2 – 3),但是利用效率却不高。2014 年我国农药用量为 180.7 万吨,而农药的有效利用率仅为 30% 左右(朱兆良等,2006)。另据估算,近年来每年废弃的农药包装物约有 32 亿多个,包装废弃物重量超过 10 万吨,包装中残留的农

---

① 彭超:《中国农户的化肥投入行为:新古典经济学结论的一个反例》,载全国农村固定观察点办公室编《农村发展:25 年的村户观察》,中国农业出版社 2012 年版。

② F. Gale. Resource Constraints and Future Food Production in China [R]. Report for Agricultural Outlook Forum, 2010, 39 (2): 163 – 170.

表 2 - 3　　我国农田化肥氮在当季作物收获时的去向及其对环境的影响

氮的去向	比例（%）	环境影响
径流	5	地表水富营养化
淋洗	2	地下水硝酸盐富集
表观硝化—反硝化	34	形成酸雨，破坏臭氧层
氨挥发	11	气候变化
作物吸收	35	

资料来源：朱兆良等，2006。

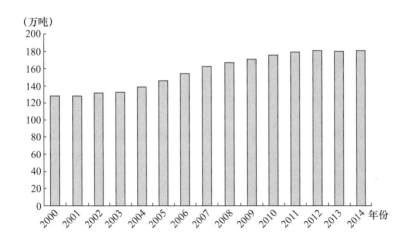

图 2 - 3　我国农药使用情况

资料来源：《中国统计年鉴》。

药量占总重量的 2%—5%（焦少俊等，2012）。[①] 农药的过量使用及其包装废弃物，对水体、土壤、人体健康以及周边生态环境造成直接危害。

目前，由于化学投入品尤其是化肥的过量使用，透支了未来的土地生产能力；未被作物吸收的化学成分进入土壤、水体、大气，造成

_____

① 焦少俊、单正军、蔡道基、徐宏：《警惕"农田上的垃圾"——农药包装废弃物污染防治管理建议》，《环境保护》2012 年第 18 期。

土壤贫瘠和农业环境污染，使农业资源和环境质量全面下降，严重影响了农产品的有效供给。

化学农药的不当使用，不仅造成农业面源污染问题，还引发了一系列的食品质量安全问题，受到了社会各界的广泛关注，甚至引起了公众对食品安全的恐慌。2010 年被媒体曝光的海南省"毒豇豆"事件，就是由于种植过程中使用了国家禁用的剧毒农药水胺硫磷、甲胺磷等造成的。2013 年曝光的山东潍坊"毒生姜"事件，也是由于种植过程中使用了国家禁用的农药"神农丹"造成的。被媒体先后曝光的"三聚氰胺"、"瘦肉精"和"苏丹红"等事件，也是由于不当使用添加剂造成的食品质量安全问题。

二 畜禽、水产养殖规模不断扩大

近年来，我国畜禽养殖发展迅速，1996 年我国的生猪出栏量为4.12 亿头，2015 年为 7.08 亿头。据测算，一头 70 公斤的育肥生猪，其每天排泄物中的全氮含量约为 33 克，即便采取必要措施，排放到环境中的仍有 10 克（张晓恒等，2015）。[①] 然而由于缺乏必要的污染处理设施，畜禽养殖污染已经成为最主要的农业污染源。全国第一次污染源普查数据显示，2007 年，我国畜禽养殖业粪便产生量 2.43 亿吨，尿液产生量 1.63 亿吨；排放化学需氧量 1268.26 万吨，总氮102.48 万吨，总磷 16.04 万吨，铜 2397.23 吨，锌 4756.94 吨。我国畜禽粪便的总体土地负荷警戒值已经达到环境胁迫水平的 0.49（正常值应小于 0.4），很多养殖场周边的土地已经无法消纳畜禽养殖产生的沼液、沼渣和粪肥。

目前，我国已成为世界上最大的肉、蛋生产国，但目前小规模集约化畜禽养殖场占我国集约化畜禽养殖场总数的 80% 以上，养殖场配套设施不完善[②]，环境管理水平普遍较低。畜禽粪便含有的大量未被

---

① 张晓恒、周应恒、张蓬：《中国生猪养殖的环境效率估算——以粪便中氮盈余为例》，《农业技术经济》2015 年第 5 期。

② 苏杨：《我国集约化畜禽养殖场污染问题研究》，《中国生态农业学报》2006 年第 4 期。

消化吸收的有机物质，成为水体、土壤、生物的主要污染源。

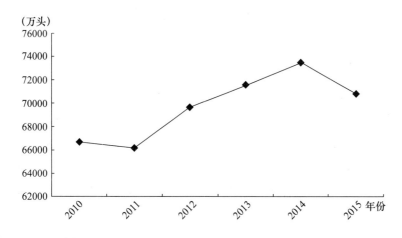

图 2-4　历年生猪出栏数量

资料来源：《中国统计年鉴》。

　　水产养殖造成的水体污染也值得重视。水产养殖过程中投入的饵料、渔药等也对养殖水体及其周边环境造成影响。

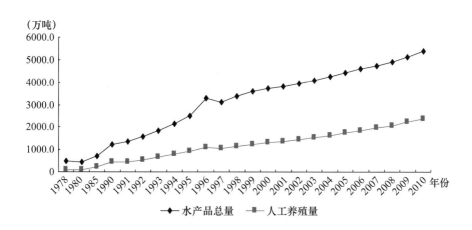

图 2-5　历年水产品数量

资料来源：《中国统计年鉴》。

第三节　农业面源污染的形成机理

一　农业面源污染物排放特性及其对水质的影响

从已有的数据来看，农业面源污染排放量大几乎是不争的事实，但是，一个普遍不被重视的道理是农业面源污染的排放量或占比，并不完全反映其对水环境质量的影响。从对水环境质量的影响来看，农业面源污染与工业点源污染有三点区别：一是污染物的排放形式不同。面源污染为污染物分散排放，点源污染为集中排放，面源污染的"密度"远低于点源污染。二是污染物的形态不同。农业污染物主要是氮和磷，工业污染物则十分复杂，有些甚至对人体直接造成严重损害。三是污染物进入环境的过程不同。面源污染物先经过土壤的缓冲，再由地表径流或雨水淋溶进入水体，点源污染物则通过排污口直接进入水体（金书秦等，2013）。

判断农业面源污染对水环境质量的影响需要回答两个问题：[①] 一是有多少污染物进入水体，也即污染物的入河量是多少；二是污染物进入水体时的水文条件如何，也就是当时的水量是多少。由于农业面源污染具有分散、隐蔽等特征，加上目前中国对农业面源污染的监测体系尚不完善，现有的普查和统计数据大体上反映了目前农业面源污染物的排放状况，但尚不能反映农业面源污染物的入河（湖）状况。[②]

部分研究回应了上述第一个问题，但没有进一步考虑农业面源污染物进入水体也往往是在水量较大的时候，仍然不能据此说明农业面源污染对水环境质量的影响。例如，金相灿等（1999）对 1994 年太湖流域的污染源进行了分析，发现农业排放的总氮占全湖泊氮排放总

---

① 污染物是什么也非常重要，但是，农业排放的污染物形态相对简单，主要为氮和磷。

② 关于排放量和入河（湖）量的区别，详见宋国君、金书秦（2008）。

量的 37.51%，总磷占全湖泊磷排放总量的 15.05%。Sun 等（2012）
估算，在 1995 年长江、黄河、珠江三大流域的氮肥损失中，通过面
源污染进入水体的损失占到近一半。陈吉宁等（2004）估算，在
1995 年进入巢湖的污染负荷中，69.54% 的总氮和 51.71% 的总磷来
自农业排放；在进入滇池外海的污染负荷中，53% 的总氮和 52% 的总
磷来自农业排放。

少量研究考虑到了水量的情况，用丰水期和枯水期来定性地反映
水量。例如，弥艳等（2010）对艾比湖流域丰水期水环境质量的评价
表明，农业面源污染是导致博尔塔拉河受污染程度高于其他河流的主
要因素；宋国君、金书秦（2008）对淮河流域的研究显示，在枯水期
（也就是污染主要来自点源）该流域水质不达标的程度要高于丰水期
（此时面源污染物容易进入水体），表明点源污染仍然是影响该流域水
质的首要原因。实际上，即便是对工业和城镇污水的统计数据，也有
学者提出了明确的质疑。例如，马中等（2013）根据统计中用水和排
水数据之间的巨大差距，推断有大量污水未经处理即被排放，2011
年，工业废水和城镇生活污水的无处理排放量分别达到 128 亿吨和 78
亿吨，这足以挑战任何认为工业和城镇点源污染排放已得到很好控制
的观点。

二　降水的携带作用与稀释作用

影响水环境质量的污染物来源主要包括：工业废水排放、城市生
活污水排放、农业面源污染物排放，以及水体流动性较弱的湖泊或水
库底泥中所积累的污染物在水量变化较大时的突然释放。淮河流域是
流动性较大的水体，其污染物来源主要包括前三类。其中，工业和生
活废（污）水排放为稳定排放，即无论枯水期和丰水期，其入河量较
为稳定；而农业面源污染物排放则为不稳定排放，即只有在丰水期通
过降水形成较大的地表径流，污染物才能大量进入水体。

从农业生产行为（例如施肥）到农业污染物排放，再到最终影响
水质，并不是简单的直接因果关系。一方面，农业生产行为对水体污
染的影响具有间接性，环境对污染也有一定的消纳能力。根据朱兆良

等（2006）的研究，中国农田施用化肥中的氮有35%在当季被作物吸收，剩余的部分在下季及以后仍要经历复杂的化学过程，约有5%通过地表径流进入地表水体，2%通过淋溶进入地下水体。另一方面，农业污染物要进入水体有一个必要条件，那就是有足够的地表径流或短时降雨。降水对于水质而言具有双重作用：一是携带作用，即降水造成的地表径流将面源污染物携带进入水体，增加了污染物总量；二是稀释作用，即降水同时增加了水体水量，对水体中原有的污染物起到一定的稀释作用。因此，降水发生时水质的变化有两种可能：①当携带作用超过稀释作用时，污染物增加的程度超过水量增加的程度，污染物浓度将因为面源污染物的进入而上升，水质恶化；②当稀释作用超过携带作用时，污染物浓度下降，水质改善。以此反推，如果某区域由于降水而污染物浓度上升，则认为此时农业面源污染是水质恶化的首要原因。考虑降水的携带和稀释作用，可以获得如表2-4所示的四种情况。当携带效应超过稀释效应时，表明农业面源对水质的影响较为显著。

表2-4　　　　　　　　**降水、水质与污染来源关系**

	降雨量大时	降雨量小时
水质好	带入农业面源，水量增加 冲抵了污染物的增加	稳定源（工业） 排放对水质影响较小
水质差	农业面源对水质变差贡献显著	稳定源（工业）是主要污染源

第四节　农业面源污染的成因分析：
基于新制度经济学视角

从行为层面看，农业面源污染的产生主要是由于农户过度使用化肥、农药，或不当处置畜禽粪便，从更深层次，则经常被解释为农户年龄、教育水平、非农就业等个体或家庭因素，或者归结为农技服务匮乏、农业补贴等政策因素，解释的起点是农户利润（或产出）最大化。新制度经济学为解释农户的面源污染排放提供了一个更为宽广的视角。

一　新制度经济学的分析框架

制度经济学（制度主义）是相对于传统的古典经济学而言的，二者的区别在于前者认为制度是重要的，而后者则主要相信市场机制。新制度经济学（New institutional economics）或新制度主义（New institutionalism），是相对于旧的制度经济学或制度主义而言的，二者均强调制度是重要的（institutions do matter），但新制度经济学同时又对制度因素的分析要借助于经济学理论的工具（the determinants of institutions are susceptible to analysis by the tools of economic theory）（Matthews，1986）。[1]

许多经济学家由于其在（新）制度经济学领域的杰出成就获得了诺贝尔经济学奖，如科斯、诺斯、威廉姆森等。这足见制度理论在解释经济行为方面的重要性。在众多的研究中，奥利弗·威廉姆森（2000）[2] 为制度理论的后来研究者提供了一个层次清晰的分析框架（见图 2-6）。

Wlliamson 从制度变迁的难易程度（或者说所需的时间尺度）将制度区分为 4 个层次，分别是：

第一层次为社会嵌入（social embeddedness），包括传统、信仰、文化等非正式制度，其变迁的时间以百年甚至千年计。

第二层次为制度环境（institutional environment），通俗来讲就是"正式的游戏规则"（rule of the game），包括产权制度、政治体制等，制度变迁的时间以十年、百年为单位。在本书中对应土地产权安排、农业和环境相关政策。

---

[1]　Matthews，R. C. O. 1986. "The Economics of Institutions and the Sources of Economic Growth"，Econ，J. 96：4，pp. 903 –918.

[2]　Oliver E. Williamson. The New Institutional Economics：Taking Stock，Looking Ahead，Journal of Economic Literature Vol. XXXVIII（September 2000），pp. 595 –613.

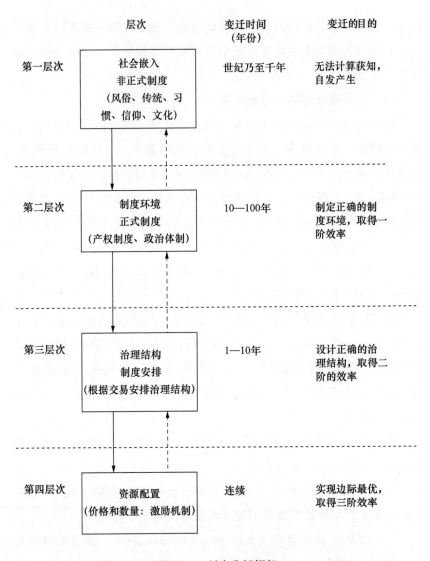

图 2 - 6　制度分析框架

资料来源：编译自 Williamson，2000。

第三层次是治理结构（Governance Structure），主要是操作层面的制度行为（play of the game），制度变迁的时间以年、十年为单位。在本书中对应为农户实施农业经营、耕作的具体方式。

第四层次是资源配置，这实际上就到了新古典经济学的范畴，例如价格机制问题，因此这个层次的制度变迁是连续性的。在本书中体现为农户对劳动力、农用物资等资源的配置行为。

本书遵循威廉姆森的制度分析框架，尝试将其引入农业面源污染领域，从不同层次分析中国面源污染问题产生的原因。

二　文化、传统、认知因素

中国文化中最核心的部分莫过于"和"的思想，"和"有和谐、平衡、协调等诸多良义，实际上在今天，"和"所包含的诸多内容仍然是我国各项事业追求的重要目标。农耕文化是构成中国传统文化的重要内容，中国传统的农耕文化十分注重各种平衡、协调。在先民的记载和实践中，具体可以归纳为以下两个方面：

一是农业活动要尊重自然规律。传统上农民以四季、月令、节气作为安排农事活动的主要依据，讲究"顺天时，量地利"。如《管子·禁藏》："春仁，夏忠，秋急，冬闭，顺天之时，约地之宜，忠人之和。……夫动静顺然后和也，不失其时然后富，不失其法然后治。"古人认为按照四时之律，可以达到"五谷实、草木多、六畜旺、国富强"。

二是讲究循环。既包括耕作方式上的循环，又包括物质的循环。例如在原始农业后期，我国就出现了"田莱制""易田制"为代表的轮荒耕作模式。在物质循环上强调"人从土中生，食物取之于土，泻物还之于土"。[①]

1909 年，美国农业部土地管理局主任、农学家 F. H. King 考察中、日、韩等亚洲国家的农业，惊叹于这些国家的土地在经历了几千年的耕作之后却依然具有相当高的产出能力。他将中国农业的长期繁荣归结为"中国农民的勤劳、智慧和对土地的节约精神，尤其是将人

---

① 胡火金：《循环观与农业文化》，《中州学刊》2011 年第 6 期。

畜粪便以及其他废弃物还田方面"。[①] 该书成为"生态农业"、"循环农业"的开山之作。

可见，从传统上来说，中国的农业实践和文化都是十分环境友好的。然而，自20世纪中期以来，伴随着人口增长压力和农业领域各类技术进步及其在全球范围的迅速推广，"化学农业"、"石油农业"给人类带来产量上的更大收获，但是也对传统的农业生产方式带来了颠覆性的冲击。例如暖棚的出现使得"时令"的概念变得模糊，人们几乎可以在任何季节吃上各种瓜果；化肥的便利性和在短期内立竿见影式的增产效果使人们不再注重废弃物还田。现代农民已经不再向先民那样敬畏自然，"平衡"的观念逐渐淡薄。

三　农业制度环境

制度分析的第二个层次进入到制度环境，或正式规则。在农业领域，土地产权、各种正式的政策构成其制度环境。

土地制度是构成农业制度环境的最核心部分。1978年开始我国很多地方就自发地启动了农村土地制度承包制的改革，1982—1986年，中央连续五个"一号文件"对家庭联产承包责任制进行了政治和理论上的肯定，并在全国推开实施。[②] 至此，农户的生活水平与其自身劳动直接关联起来，农业生产的积极性得到极大调动。

从环境经济学的视角来看，经营者对资源的开采或利用程度取决于其对该项资源的贴现率，贴现率越高越倾向于在短期内获利，而对贴现率产生最直接影响的就是产权安排（金书秦，2011）。[③] 土地经营的稳定性有利于农户从长期收益考虑，进而采取环境友好的技术或产品，以确保土地的持续生产力。我国实行的土地承包经营制度以30

---

① King 的著作在他去世后不久由他的妻子整理出版，名为 *Farmers of Forty Centuries or Permanent Agriculture in China*, *Korea and Japan*，后来被出版社不断再版，最新的一版名字被改为：*Farmers of Forty Centuries*：*Organic Farming in China*, *Korea*, *and Japan*. Dover Publications Inc. New York. 2004.

② 杜润生：《杜润生文集（1980—1998）》，山西经济出版社2008年版。

③ 金书秦：《流域水污染防治政策设计：外部性理论创新和应用》，冶金工业出版社2011年版。

年为承包期，并不断延长，这在一定程度上保证了土地经营的稳定性。但是，由于我国人多地少，土地的细碎化使得测土配方、合理轮作、统防统治等环境友好型技术措施实施的成本极大，农民没有积极性，技术也难以发挥作用。另外，土地流转制度的不完善，例如农民之间通过口头约定一年一包，容易使农户对于承包的土地采取掠夺式生产（向东梅，2011）。①

　　在农业发展政策上，21 世纪以来，我国为促进农业发展、农民增收出台了大量惠农政策，但是这些政策在一定程度上也加重了农村的环境污染（王宁等，2010）。② 黄文芳（2011）应用省级面板数据分析发现：化肥价格指数与化肥施用量成正比，也就是说化肥价格尽管逐年上涨，但农民每年的化肥施用量却不降反升。③ 这一结论表面上看来有违经济学中价格与需求成反比的基本原理。然而，反观我国的现实情况及相关政策，却能够找出两个方面的合理解释：一是我国在化肥生产和消费两端都进行了政策干预，如在生产环节进行电价、运输优惠，在消费环节实行农资补贴，这些干预政策使市场规律难以发挥作用；二是农民对于化肥的消费属于刚性需求，价格对其用量影响不大，且由于长期过度的化学投入，土地持续生产力下降，对化肥的依赖陷入"跑步机"式恶性循环。国际上也不乏相关的例证，例如Anderson 等（1992）验证了一些国家的农业补贴规模与这些国家的化肥使用量相关，那些财政补贴多的国家比那些补贴少甚至没有补贴的国家使用了多得多的化肥。④ 在涉及农业领域的环境保护政策方面，

---

① 向东梅：《促进农户采用环境友好技术的制度安排与选择分析》，《重庆大学学报》（社会科学版）2011 年第 1 期。

② 王宁、叶常林、蔡书凯：《农业政策和环境政策的相互影响及协调发展》，《软科学》2010 年第 1 期。

③ 黄文芳：《农业化肥污染的政策成因及对策分析》，《生态环境学报》2011 年第 1 期。

④ Anderson，kym，and Richard Blackhurst，etc. The Greening of World Trade Issues［M］. Ann Arbor：University of Michigan Press，1992.

我国长期以来对农业农村环境问题存在制度空白。[1]

四 农业经营方式

第三个层次的制度就是农户实施农业生产、经营的具体方式，与其规模、种养方式相关。

一方面是经营主体或说经营规模上，小规模的家庭式农业经营仍将长期持续。尽管农业经营主体从单一走向多元，新型农户不断涌现，但是中国农业还未发展到必须更换经营主体的时候（陈锡文，2011）[2]，农户仍然是中国农业生产的基本经营单位。即便在未来，小规模的家庭农场将会在相当长的时期延续下去，这既是出于中国独特的制度环境，也是出于小规模农业在种植、养殖方面的多重优越性（黄宗智，2010）。[3] 正如前文所述，小规模的家庭经营往往使环境友好型技术措施被使用的成本极高。

另一方面，不断涌现的新型经营主体往往呈现专业化的特征，种养结合下的循环农业难以实现。大量研究表明，随着畜禽养殖业由散养向专业化养殖转变，畜禽粪便的利用率逐渐下降，畜禽粪便对环境的污染有日趋加重的趋势（苏杨，2006；黄季焜、刘莹，2010）[4][5]。主要原因有二：一是目前的环境政策规制的对象仍然主要是工业污染源，针对农业特别是畜禽养殖污染的政策措施、排放标准、监管机构都存在一定的真空；二是专业化养殖后，种养分离较为普遍，还田利用率降低（仇焕广等，2012）。[6]

---

① 金书秦、魏珣、王军霞：《发达国家农业面源污染控制经验借鉴及启示》，《环境保护》2009 年第 10B 期。

② 陈锡文：《陈锡文谈农业经营问题》，《林业经济》2011 年第 3 期。

③ 黄宗智：《龙头企业还是合作组织？》，《中国老区建设》2010 年第 4 期。

④ 苏杨：《我国集约化畜禽养殖场污染治理障碍分析及对策》，《中国畜牧杂志》2006 年第 14 期。

⑤ 黄季焜、刘莹：《农村环境污染情况及影响因素分析——来自全国百村的实证分析》，《管理学报》2010 年第 11 期。

⑥ 仇焕广、严健标、蔡亚庆、李瑾：《我国专业畜禽养殖的污染排放与治理对策分析》，《农业技术经济》2012 年第 5 期。

五 市场资源配置

制度分析的第四个层次实际上就进入古典经济学对于行为主体在市场中的选择问题。在微观层次，与环境相关的农业资源配置受两方面因素影响：

一是大市场的影响。市场经济和我国快速的城镇化进程让农民有了更多的就业机会，近年来劳动力价格不断走高更是使得工资性收入成为农民收入的主要部分。1990 年，农民工资性收入为138.80 元，占人均纯收入的 20.22%；2011 年农民工资性收入为2969.43 元，占 42.47%，与之相应的是农业收入的比重从 1990 年的 66.45% 下降到 2011 年的 36.12%。劳动力稀缺、非农收入增加，使农民不愿意将劳力分配到繁重而"低效"的劳作中（例如使用农家肥），他们更加愿意选择"省事、见效快"的化学物资。巩前文等（2008）的研究表明农户家庭现金收入，特别是非农收入越多，越倾向于购买化肥，而不是施用农家肥。① 化学物资的大量使用造成了污染，还使得畜禽粪便没有合理的出路，变"宝"为"废"。

二是农户个人认知及不完全理性的影响。尽管农村环境污染最直接受损的还是农民，然而他们对此的认识却非常有限。饶静、纪晓婷（2011）通过对 200 个农户的调查发现，75.3% 的农户认为农业活动对环境无害；② 金书秦等（2011）对湖北、江苏、湖南、江西四省的 260 个农户调查显示，只有 30% 左右的农户认为化肥、农药的使用对环境有害。由于农业已经成为农民的"副业"，他们大多采取一种粗放的行为，并不太在乎农业的成本收益情况。在主要粮食作物的种植过程中，我国农户化肥的施用量已经不符合利润最大化的理性假设（彭超，2012）。③

---

① 巩前文、张俊飚、李瑾：《农户施肥量决策的影响因素实证分析——基于湖北省调查数据的分析》，《农业技术经济》2008 年第 10 期。

② 饶静、纪晓婷：《微观视角下的我国农业面源污染治理困境分析》，《农业技术经济》2011 年第 12 期。

③ 彭超：《中国农户的化肥投入行为：新古典经济学结论的一个反例》，载全国农村固定观察点办公室编《农村发展：25 年的村户观察》，中国农业出版社 2012 年版。

另外，由于市场不完善、信任缺失，导致环境友好型农产品存在"柠檬市场"。我国绿色农产品、有机农产品在认证和监管体系建设方面仍然薄弱，消费者高价未必能够买到优质的产品，加上农产品的同质性较高，市场以次充好的现象时有发生（如某国际著名超市在重庆以普通猪肉冒充绿色猪肉事件），严重打击了消费者对绿色农产品的信任。由此带来的恶性后果是那些真正的绿色、有机农产品却在市场上得不到相应的溢价，最后形成"柠檬市场"，阻碍环境友好型农业的发展。

第五节　本章小结

新制度经济学为解释农业面源污染问题提供了一个清晰的分析框架，基于威廉姆森（2000）对制度的分层，本书将中国农业面源污染问题出现的原因归结为：

在文化层次上，我国在发展环境友好型农业上具有非常悠久的历史积淀，然而在近代人口增长压力和化学技术迅速扩散的冲击下，传统文化正在被快速地侵蚀。

在制度环境上，土地经营权的稳定性是使农户保护土地资源永续利用的基础，而土地流转制度的不完善更容易让一部分土地被掠夺式利用。而现有的一些政策安排在短期提高产量的同时却加剧了化学物品的投入，造成环境的负面影响。

在农业生产实践中，规模较小的细碎化经营使许多环境友好技术难以获得施展空间，种养分离使得农业系统内部的循环难以实现。

在资源配置上，劳动力的稀缺使农户倾向于将其劳动分配到利润更大的非农就业上去，而不是精耕细作。农户环境意识的低下和粗放式经营使其行为偏离理性，过度使用化学物品。

无论从国家层面的宏观发展战略，还是从农业产业自身的永续发展，都将为中国农业发展的绿色转型带来动力。尽管如此，未来中国的农业环境保护还将大致延续以上所分析的制度变迁路径，并面临人口增长、农业环境保护滞后的双重挑战。

有些问题可能会随着制度的变迁而随之解决，例如在规模化、专业化得到发展后，农户不计成本的非理性行为将得到改善，但这尚需时日；有些问题则需要诱导，使制度变迁逐渐向环境友好的方向进行，特别是在第一个和第二个层次。综上，本书可以从分析中得到以下启示：

第一，现代技术的发展及其扩散，对传统文化、理念的影响速度已经超过威廉姆森的预见，农业领域化学技术的出现在短短几十年的时间就几乎将中国传统的农耕文化瓦解。因此在当下以及未来，对农业技术的研发和推广应当具有相当的甄别，在对一项农业技术或一套生产模式进行评价时，环境友好应当成为众多标准中非常重要的一项。

第二，政策在解决一个问题的同时往往会带来新的问题，而政策（特别是农业政策）一旦被付诸实施，其意义不仅限于政策所直接指向的目标，而且会成为一种公众期望的引导，为了符合公众期望，政策必须具有一定的延续性。因此，政策起点的正确性非常重要，否则将在路径依赖中一直饱尝该项政策所带来的不良副作用。农业的补贴正是这样一种政策，它最初的目的是增加农民收入，同时又传达着一种"国家重视农民和农业"的信号，但其副作用是在一定程度上鼓励了化学物资的过度使用。尽管补贴政策实施近十年来，其对农民的增收意义日渐式微，然而其作为一种信号的意义却依然重要。因此，不能贸然提出取消补贴的建议，而应逐步将这些补贴同农户的环境友好行为关联起来，例如对农户购买有机肥料、病虫害统防统治等进行补贴。

第三章 我国农业面源污染管理和政策分析

　　1972 年 6 月在瑞典斯德哥尔摩召开的"联合国人类环境会议"是现代环境保护发展的里程碑式事件，中国政府派团参加了此次会议，并在 1973 年 8 月召开了第一次全国环境保护会议，标志着新中国环境保护工作的正式开幕。40 多年过去了，我国环境保护工作在法制建设、机构改革等方面不断完善，在工业和城市领域的环境保护已经取得了一定的成绩。环境保护工作的焦点正在逐步由城市转向农村，由工业转向农业。伴随着国民经济的高速发展，我国农业农村面貌也发生了翻天覆地的变化，农业领域的环境问题也不断发生变化，部分环境问题长期存在，新的环境问题层出不穷。然而，相比工业和城市领域，我国农村环境保护存在明显的滞后。一方面，我国环境保护总体水平滞后于经济发展；另一方面，农业领域的环境保护水平又滞后于国家环境保护总体水平。[①] 二者累积起来造成如今农村环境破坏严重，加之政策多年来环保的重心均在于城市和工业污染的治理，农村环保总体水平落后于城市和工业。本章将按照年代将过去 40 年划分为五个阶段，对我国农村环境问题形态、政策和管理机构的演变进行分析，并为未来农村环境保护工作提供政策建议。

---

　　① 金书秦、韩冬梅、王莉、沈贵银：《畜禽养殖污染防治的美国经验》，《环境保护》2013 年第 2 期。

第一节　管理机构变迁

环境管理机构是落实环境政策的主体，在很大程度上，环境管理机构的级别及其被赋予的职能反映了政府对于环境问题的重视程度，也决定了管理机构在应对环境问题方面的能力。因此，本节将专门回顾过去40多年来我国环境管理机构的变迁，并将农村环境管理作为环境管理的一部分，以窥见农村环境问题在国家环境管理体系中的地位。

一　国家环境保护机构的嬗变

过去40年，环境保护机构从特设机构到常设机构，并在级别上不断升格（见图3－1），这充分反映了国家对环境保护工作重视程度的逐步提升。1974年正式成立的国务院环境保护领导小组办公室是新中国历史上第一个环境保护机构；1982年国务院环境保护领导小组办公室与国家建委、国家城建总局、建工总局、国家测绘总局合并组建城乡建设环境保护部，内设环境保护局，该局也作为1984年成立的国家环境保护委员会的办事机构；1988年，升格为国务院直属的国家环境保护局（副部级机构）；1998年进一步升格为正部级的国家环境保护总局，但仍为国务院直属机构；2008年升格为国家环境保护部，正式成为国务院组成部门。

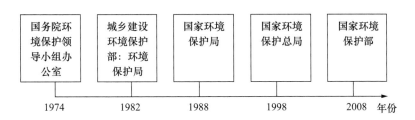

图3－1　中国环境管理机构变迁历程①

---

① 金书秦、韩冬梅：《我国农村环境保护四十年：问题演进、政策应对及机构变迁》，《南京工业大学学报》（社会科学版）2015年第2期。

二　农业农村环境管理机构变迁

农村环保工作首次被纳入行政管理体系是在 1976 年，在原农林部科教局内设处级环保组，负责农业环境保护工作。从农业部门内设机构来看，农业环境保护机构及其职能一度被不断强化：1985 年，农牧渔部成立了环境保护委员会，农业环境保护作为专门领域被指定为农业部门的职责，委员会办事机构设在能源环保办公室①②；1987 年，农牧渔业部能源环保办公室改名为农牧渔业部能源环境保护局；1989 年又进一步改名为环保能源司。然而，这种趋势在之后的历次国务院机构调整中被削弱。1994 年，国务院机构调整中，明确提出"农业环境保护"的概念，特指对农业用地、农业用水、农田大气和农业生物等农业生态环境的保护，相应的工作仍然是划归给农林部管辖。1996 年，国务院将农业环境保护中有关农村生态环境保护的职能赋予原国家环境保护局行使。1998 年国务院机构改革，环保局升格为环保总局，农业环保职能划归环保部门统一管理，国家环保总局成立农村处作为农村环保专门部门。在该轮机构改革中，农业部只保留了国家法律、行政法规规定以及国务院机构改革方案中赋予的"农业环境保护"职能，相应的环保能源司被撤销，其保留的相关职能被划入新组建的科技教育司，在科技教育司分别设资源环境处和农村能源处。③ 2008 年环保部成立以后，在国家层面，农业农村环境管理的两个主要部门是环保部自然生态保护司④和农业部科技教育司，农村环境管理的具体工作前者由农村环境保护处、后者则由资源环境处主要负责。相比农村环境问题

---

① 李远、王晓霞：《我国农业面源污染的环境管理：背景及演变》，《环境保护》2005 年第 4 期。

② 段武德：《农牧渔业部环境保护委员会正式成立并举行第一次会议》，《农业环境科学学报》1985 年第 4 期。

③ 农业部科技教育司，中国农业生态环境保护协会：《中国农业环境保护大事记》，中国农业科技出版社 2000 年版。

④ 2016 年环境保护部机构再次调整，将原有的自然生态司和总量控制司拆分为水、大气、土壤环境管理三个司，农村处被划入水司。

的复杂和广泛性，已有机构的管理力量仍显得较为单薄，而具体到县级以下的基层组织，农村环境管理的力量则更为薄弱。

第二节　政策演进

回顾过去的 40 余年，可以将我国的环境保护工作大体分成五个阶段：在 1973—1979 年间，主要为认识启蒙阶段，随着国际环保事业的兴起，政府和学界逐步认识到污染是一种发展带来的公害，并在 1979 年颁布了首部法律《环境保护法（试行）》；1980—1989 年属于法制探索阶段，1983 年环境保护被确定为基本国策，1989 年颁布了正式的《环境保护法》；1990—1999 年为可持续发展战略起步期，1992 年的联合国环境与发展大会上"可持续发展"概念得到了最广泛的认同，会议通过了全球可持续发展战略《21 世纪议程》，中国也在 1994 年由国务院批准了《中国 21 世纪议程：中国 21 世纪人口、环境与发展白皮书》，可持续发展被确定为国家战略；进入 21 世纪，以新的《环境保护法》和《畜禽规模养殖污染防治条例》为分水岭，2000—2013 年为工业和城镇环境保护的加速推进和贯彻落实期，节能减排等环保指标被纳入五年规划中；2014 年以后，新的《环境保护法》和《畜禽规模养殖污染防治条例》将农业污染治理带入了法治进程，开始了全面依法治污时代。

将我国 40 年来农村环境出现的问题进行梳理可以发现，有些环境问题具有明显的时代特征（如乡镇企业污染问题），有些问题却长期存在（例如农药化肥污染），只不过初期尚在环境容量范围内，累积到一定程度后集中爆发则显现为严重的环境破坏。

一　1973—1979 年：农村环境问题初步显现，政策分散

这一阶段，农村环境问题尚不显著，提高农业生产仍是农村发展的主调，这一时期关于农村环境保护的研究也不多，涉及农村环

境保护的政策大多以改善农村环境卫生为主①，其中水污染以及农村饮水卫生问题受到相对较多的关注。

表3-1归纳了这一阶段出台的主要相关政策。其中较为重要的是1978年召开的十一届三中全会通过了《中共中央关于加快农业发展若干问题的决定（草案）》及《农村人民公社工作条例（试行草案)》，奠定了农业资源和农业生态环境保护的基础，标志着国家已经开始注意到对农业和农村环境的保护。1979年颁布的《中华人民共和国环境保护法（试行）》是我国环境保护的基本法，但其中涉及农业环境保护的条款只有第二十一条"积极发展高效、低毒、低残留农药。推广综合防治和生物防治，合理利用污水灌溉，防止土壤和作物的污染"。在20世纪70年代，工业和城市生活污水用于农田灌溉被广泛推崇，1972年在石家庄召开了全国污水灌溉会议，提出了"积极慎重"的发展原则。《环境保护法（试行）》第二十一条则为污水灌溉在法律上"正名"，这使得污水灌溉在之后的20世纪80年代得以迅猛发展，为农田的大面积污染埋下了隐患。

表3-1　　　　　　1973—1979年的农村环境问题及相关政策

农村环境问题	农村环境保护相关政策
水污染问题	《关于保护和改善环境的若干规定（试行草案)》(1973)
	《国务院环境保护机构及有关部门的环境保护职责范围和工作要点》(1974)
	《中共中央关于加快农业发展若干问题的决定（草案)》(1978)
	《农村人民公社工作条例（试行草案)》(1978)
	《水产资源繁殖保护条例》(1979年)
	《渔业水质标准》(1979)
	《关于加强农村环境保护工作的意见》(1979)
	《农田灌溉水质标准》(1979)
	《中华人民共和国环境保护法（试行）》(1979)

资料来源：笔者整理。

---

① 朱惠：《关于新农村规划和建设中的卫生问题》，《卫生研究》1977年第4期。

农村环境保护政策尚缺少在法律层面上的规定，大都以各种行政性法规和党的政策文件出现，且较为分散。在内容上着重于对农业生态资源的保护，包括森林、土地、草原、河流、野生动物保护等，较少涉及农村环境污染防治的内容。[①]

二　1980—1989 年：乡镇企业问题突出，政策起步

随着改革开放的逐步深化，中国经济进入快速发展阶段，20 世纪 80 年代城市化进程加速，城市工业产生的"三废"以及城市生活垃圾等以各种形式进入农村地区。同时，一些耗能高污染重的化工、造纸等行业以联营、分厂等名义进入农村地区，严重污染了农村生态环境。[②] 蓬勃发展的乡镇企业加剧了农村生态环境的污染。星罗棋布的乡镇企业具有污染地域范围广、影响面积大、受害人口多、管理困难的特点[③]，企业排放的"三废"，不经处理大量进入环境中，污染了水质、土壤和空气。[④] 加之乡镇企业缺少规划，环境污染缺少有效的监管手段，对农村的环境污染远远超过了城市工业污染的范围与程度。因此在这一时期，乡镇企业的污染控制开始成为农村环境关注的重点。

传统农业向现代农业发展过程中产生的环境问题也开始显现：如农药、化肥的过量使用导致各种环境问题；传统农业灌溉方式导致水资源过量开采；过度垦荒、过度放牧、乱砍滥伐导致水土流失、土壤沙化现象严重、高毒农药（例如六六六、DDT）的大量使用在杀死害虫的同时也导致益虫的灭绝。20 世纪 80 年代早期的文献中就有记载：卫生部对全国 16 个省（市、区）的 7700 多份农畜产品检验，发现其中 50% 以上含有六六六，动物性样品几乎 100%

---

① 蔡守秋：《环境政策学》，科学出版社 2009 年版。

② 朱章玉、李道棠、俞佩金：《实践中的一种城郊农业生态工程模式》，《城市环境与城市生态》1988 年第 3 期。

③ 冯向东：《略论乡镇工业引起的生态问题与整治对策》，《生态学杂志》1989 年第 5 期。

④ 张笑兰：《发展农业生产与保护生态环境》，《生态与农村环境学报》1986 年第 3 期。

含有六六六，肥瘦肉超过 80% 含量超标。[①]

　　这个阶段，我国环境政策体系建设开始起步，密集出台了一系列重要法律法规（见表 3-2），其中最为重要的是《环境保护法》，该法明确规定"加强农村环境保护、防治生态破坏，合理使用农药、化肥等农业生产投入"，这是农村环境保护工作的法律基础和依据。

表 3-2　　　　　　1980—1989 年的农村环境问题及相关政策

农村环境问题	农村环境保护相关政策
生态环境问题	《全国农村工作会议纪要》（1982）
	《当前农村经济政策的若干问题》（1983）
	《中共中央关于一九八四年农村工作的通知》（1984）
	《中共中央、国务院关于进一步活跃农村经济的十项规定》（1985）
	《关于发展生态农业　加强农业生态环境保护工作的意见》（1985）
	《中共中央、国务院关于一九八六年农村工作的部署》（1986）
	《关于加强环境保护工作的决定》（1984）
乡镇企业污染问题	《关于加强乡镇、街道企业环境管理的规定》（1984）
城市污染转移	《中华人民共和国国民经济和社会发展第七个五年计划》（1986）
水污染问题	《中华人民共和国水污染防治法》（1984）
水土流失问题	《水土保持工作条例》（1982）
	《中华人民共和国环境保护法》（1989）
农村生态环境，城乡一体化	第二次全国环保会议（1983）
	第三次全国环保会议（1989）

资料来源：笔者整理。

　　针对城市污染转嫁的问题，国务院在 1984 年颁布的《关于加强乡镇、街道企业环境管理的决定》中明确提出"坚决制止污染转嫁"。1986 年颁布的《中华人民共和国国民经济和社会发展第七个

---

① 郭士勤、蒋天中：《农业环境污染及其危害》，《农业环境科学学报》1981 年第 6 期。

五年计划》再次明确指出"保护农村环境","坚决制止大城市向农村、大中型企业向小型企业转嫁污染"。生态农业的提法开始兴起。国务院1984年做出的《关于加强环境保护工作的决定》和1985年发布的《关于发展生态农业　加强农业生态环境保护工作的意见》，都对推广生态农业提出了要求。这一时期关于农村环境保护的文献也大多以建设生态农业、开展生态农业试点为主①②③，各种形式的生态农业方兴未艾。1982—1986年，中共中央国务院连续颁发五个中央一号文件以支持和强化农业农村经济改革④，这些文件也原则性地提出了一些农业改革形势下保护自然资源和生态环境的基本策略。

三　1990—1999年：多层次的农村环境问题集中显现，政策关注度提高

　　20世纪90年代是农业农村环境问题集中显现的时期。除了城市工业"三废"、乡镇企业污染、生态系统严重破坏等日积月累的问题，农业自身造成的污染效应也开始显现，区域经济社会可持续发展受到严重制约。⑤ 化肥、农药、地膜的使用量迅速上升，畜禽粪便污染排放巨大，据估算，仅1990年全国畜禽粪便产生量就达2448Mt，利用率为60%，有979Mt排入环境。⑥ 根据中国农业科学院土肥所1991—1993年对我国北方14县的地下水、饮用水中硝酸盐浓度的监测，显示超标率达50%，说明由于农田过量施用氮肥导致的地下水硝酸盐污染问题已经相当严重⑦，湖泊富营养化情况也开始显现。1995年中国环境状况公报首次将农村环境状况列入其中，

---

① 周小平：《农村环境保护与生态农业》，《农业现代化研究》1986年第6期。
② 张壬午、冯宇澄、王洪庆：《论具有中国特色的生态农业——我国生态农业与国外替代农业的比较》，《农业现代化研究》1989年第3期。
③ 唐德富：《谈谈生态农业的生态设计》，《农村生态环境》1988年第3期。
④ 杜润生：《杜润生文集（1980—1998）》，山西经济出版社1998年版。
⑤ 陶思明：《浅论农村生态环境的主要问题及其保护对策》，《上海环境科学》1996年第10期。
⑥ 刘玉凯：《加强农村环境保护工作》，《农村生态环境》1994年第3期。
⑦ 刘国光：《论中国农村的可持续发展》，《中国农村经济》1999年第11期。

1999 年中国环境状况公报则明确指出"农村环境质量有所下降"。

这一阶段农村环境保护相关政策主要散见于国务院决定、部门规章或相关法律法规中（见表 3-3），其主要基调是农业环境保护必须与经济发展相协调。其中较为有针对性的是 1999 年原国家环境保护总局印发的《国家环境保护总局关于加强农村生态环境保护工作的若干意见》，这是我国第一个直接针对农村环境保护的政策。在农业用水、土地、生物资源等方面制定了专门法规，16 个省和100 多个地县出台了农业环境保护条例。[①] 在改善农村生活环境方面，1993 年国务院颁布了《村庄和集镇规划建设管理条例》，要求建立村庄、集镇总体规划，"维护村容镇貌和环境卫生"，"保护和改善生态环境，防治污染和其他公害，加强绿化和村容镇貌、环境卫生建设"。

表 3-3　　　　　　1990—1999 年的农村环境问题及相关政策

农村环境问题	农村环境保护相关政策
农膜问题和集约化畜牧场污染问题	《国务院关于进一步加强环境保护工作的决定》（1990）
	《中华人民共和国固体废物污染环境防治法》（1995）
	《国家环境保护总局关于加强农村生态环境保护工作的若干意见》（1999）
农药污染问题	《中华人民共和国农药管理条例》（1997）
	《关于进一步加强对农药生产单位废水排放监督管理的通知》（1997）
乡镇企业污染问题	《中华人民共和国乡镇企业法》（1996）
	《关于加强乡镇企业环境保护工作的规定》（1997）
水污染问题	《关于修改〈中华人民共和国水污染法〉的决定》（1996 年修订）
	《国务院关于环境保护若干问题的决定》（1996）
	《政府工作报告》（1999）
水土流失问题	《中华人民共和国水土保持法》（1991）
	《基本农田保护条例》（1998）

----

① 高怀友：《中国农业环境保护工作现状》，《中国环境管理》1996 年第 3 期。

续表

农村环境问题	农村环境保护相关政策
生态环境污染问题	《村庄和集镇规划建设管理条例》（1993）
	《中华人民共和国农业法》（1993）
	《中华人民共和国刑法》（1997）

资料来源：笔者整理。

四　2000—2013 年：农业面源污染严重，引起重视

这一阶段农村环境问题表现为：点源污染和面源污染共存，农村生活污染与农业生产污染叠加，乡镇企业污染和城市污染转移威胁共存。[①②] 并且随着工业和城市污染排放得到一定程度的遏制，农业自身排放的破坏效应日益显现，农业成为重要的污染源。化肥、农药、农用薄膜等以及农业生产废弃物对环境造成的污染和安全问题越来越严重，农村基础设施建设和环境管理依然较落后，农村生活污水和生活垃圾仍然缺少有效的管理手段。[③] 许多地区面源污染占污染负荷比例甚至超过工业污染[④]，据估算，我国富营养化较严重的滇池、太湖和巢湖，人畜粪便及生活污水全氮和全磷的贡献率达到了80％以上。[⑤]

进入 21 世纪，随着国家经济实力增强、公众环保意识觉醒，环境保护被提到前所未有的高度，农业环境保护也随之提升到农业生态文明建设的高度，体现为几乎所有的综合性政策文本中都会提及农村环境保护，且提法更加趋于专业化、具体化（见表 3 - 4）。

---

① 陈懿：《对完善中国农村环境法制的建议》，《世界环境》2008 年第 5 期。

② 金书秦、武岩：《农业面源是水体污染的首要原因吗？基于淮河流域数据的检验》，《中国农村经济》2014 年第 9 期。

③ 路明：《我国农村环境污染现状与防治对策》，《农业环境与发展》2008 年第 3 期。

④ 苏杨、马宙宙：《我国农村现代化进程中的环境污染问题及对策研究》，《中国人口·资源与环境》2006 年第 2 期。

⑤ 朱兆良等：《我国农业面源污染的控制政策和措施》，《科技导报》2005 年第 4 期。

表 3 - 4   2000 年至今的农村环境问题及相关政策

农村环境问题	农村环境保护相关政策
畜禽养殖污染问题	《畜禽养殖污染防治管理办法》（2001）
	《关于实行"以奖促治"加快解决突出的农村环境问题的实施方案》（2009）
	《国家环境保护"十五"计划》（2001）
农膜、农药问题	《中华人民共和国固体废物污染环境防治法》（2004 年修订）
	《国民经济和社会发展第十一个五年规划纲要》（2006）
农村农业环境综合整治	《国家环境保护"十五"计划》（2001）
	《国民经济和社会发展第十一个五年规划纲要》（2006）
	《中华人民共和国农业法》（2002 年修订）
	《国家环境保护"九五计划"和 2010 年远景目标》（2002）
	《关于实行"以奖促治"加快解决突出的农村环境问题的实施方案》（2009）
	《关于加快发展现代农业　进一步增强农村发展活力的若干意见》（2013）
	《关于加快推进农业科技创新　持续增强农产品供给保障能力的若干意见》（2012）
	《关于加大统筹城乡发展力度　进一步夯实农业农村发展基础的若干意见》（2010）
生态保护	《中华人民共和国防沙治沙法》（2001）
	《国务院关于进一步做好退耕还林还草试点工作的若干意见》（2000）
	《中华人民共和国水土保持法》（2010 年修订）
水污染问题	《中华人民共和国水污染防治法实施细则》（2002）
农村环境保护资金	《关于加强农村环境保护工作的意见》（2007）
	《国家农村小康环保行动计划》（2006）
	《关于开展生态补偿试点工作的指导意见》（2007）
	《关于实行"以奖促治"加快解决突出的农村环境问题的实施方案》（2009）
秸秆焚烧污染问题	《关于进一步加强秸秆综合利用禁止秸秆焚烧的紧急通知》（2007）
农业循环经济及可持续发展问题	《中华人民共和国循环经济促进法》（2008）
	《关于推进社会主义新农村建设的若干意见》（2006）
	《关于积极发展现代农业扎实推进社会主义新农村建设的若干意见》（2007）

资料来源：笔者整理。

2001 年 12 月，国家环保总局制定的《国家环境保护"十五"计划》明确提出"把控制农业面源污染、农村生活污染和改善农村环境质量作为农村环境保护的重要任务"。农村环境综合整治进一步开展，中央投入农村环保专项资金用于农村环境综合整治。2005 年党的十六届五中全会首次提出建设"社会主义新农村"的要求。在继续重视提高农业产出的同时，强调农村生产和生活环境的保护。2006 年国家环保总局发布的《国家农村小康环保行动计划》提出农村环保资金"以中央财政投入为主，地方配套，村民自愿，鼓励社会各方参与"。2007 年《关于加强农村环境保护工作的意见》对中央、地方政府和乡镇、村庄各级环境保护资金投入责任进行了界定，同时引导和鼓励社会资金参与农村环境保护。2008 年中央财政设立农村环保专项资金，通过"以奖代补"、"以奖促治"等方式开展农村环境集中整治，农村环境保护专项资金投入逐年增加，2008—2012 年分别投入 5 亿元、10 亿元、25 亿元、40 亿元、55 亿元。[①] 2014 年修订的《环境保护法》对农业和农村污染问题的重视程度显著提高，在农业污染源监测、农村环境综合整治、农药化肥污染防治、畜禽养殖污染防治以及农村生活污染防治等方面做出了较全面的规定，对各级政府在农业农村环境保护方面的作用做出界定。修订后的《环境保护法》为适应新时期农业农村环境保护工作的开展奠定了法律基础。2014 年开始生效的《畜禽规模养殖污染防治条例》对畜禽养殖污染的预防、综合利用和无害化处理等做出了详细的规定。至此，我国农业农村环境保护领域终于在国家层面有了一部行政法规，该条例也因此具有里程碑的性质。《"十二五"国民经济发展规划纲要》明确把治理农药、化肥、农膜、畜禽养殖等农业面源污染作为农村环境综合整治的重点领域，要求 2015 年农业 COD 和氨氮排放相比 2010 年要分别下降 8% 和 10%，这是国家规

---

① 王莉、沈贵银：《我国农业环境保护的措施、难点和对策》，《经济研究参考》2013 年第 8 期。

划中首次对农业污染排放做出约束性要求。农业自身发展也积极向绿色转型。从 2004 年到 2014 年国家颁发的一号文件中都涉及了农村发展方面，同前几个阶段相比，这一阶段国家农村相关政策的发展趋势是由解决单领域问题逐步走向促进农村社会、经济、环境的协调发展，努力构建可持续的现代化农业体系。①② 中国的农业现代化目标已经从过去单一的高产转变为"高产、优质、高效、生态、安全"的综合目标，生态、环保已经成为农业发展自身的内在要求。③

五 2014 年以后：全面构建农业环境治理体系

2014 年既是全面深化改革元年，对于农业环境治理而言也具有重大意义。《畜禽规模养殖污染防治条例》于 2014 年 1 月 1 日正式生效，这是农业污染治理领域第一个专门的国家性法规，对于我国的农业环境治理而言具有里程碑式的意义。此外，2014 年修订通过、2015 年正式生效的《环境保护法》，新增了较多关于农业环境治理的内容，集中体现在第三十三条、第四十九条、第五十条，作为环境保护基本法，这些条款为农业环境治理体系建设提供了依据。此外，在新的《食品安全法》（2015 年）中也有对农产品中农药残留、安全使用农药、肥料等投入品的有关规定。

在中央政策层面，尽管过去多年的中央一号文件中均有涉及农业环境治理问题，但 2015 年无疑是农业环境治理行动落实最为密集和迅速的一年。2015 年中央一号文件专门强调加强农业生态治理，并且明确以实施两个全国性规划（《农业环境突出问题治理总体规划》和《全国农业可持续发展规划》）为抓手。2015 年 3 月 18 日国务院常务会议审议通过《全国农业可持续发展规划（2015—2030

---

① 董文兵：《从十个中央一号文件看 30 年农村改革》，《中国石油大学学报》（社会科学版）2008 年第 6 期。

② 高俊才：《统筹兼顾改革创新加快推进中国特色农业现代化——学习 2014 年中央 1 号文件体会》，《中国经贸导刊》2014 年第 4 期。

③ 金书秦、沈贵银：《中国农业面源污染的困境摆脱与绿色转型》，《改革》2013 年第 5 期。

年)》（以下简称《规划》），2015 年 5 月正式由农业部牵头，国家
发改委、科技部、财政部八部委联合印发。自此，我国农业可持续
发展有规可循，未来三个五年的农业发展，都将在本《规划》的框
架下展开。

表 3 – 5　　《全国农业可持续发展规划（2015—2030 年）》
主要可量化指标

任务	类别	指标	2020 年	2030 年
优化布局、稳定产能	农业生产能力	农业科技进步贡献率	60%以上	
		主要农作物耕种收综合机械化水平	68%以上	
保护耕地	耕地面积*	耕地面积保有量	18 亿亩	18 亿亩
		基本农田	15.6 亿亩	15.6 亿亩
	耕地质量	集中连片、旱涝保收高标准农田	8 亿亩	
		全国耕地基础地理提升	0.5 个等级	1 个等级
高效用水	水资源红线	农业灌溉用水量	3720 亿方	3730 亿方
		农田灌溉水有效利用系数	0.55	0.6
	节水灌溉	农田有效灌溉率	55%	57%
		节水灌溉率	64%	75%
		高效节水灌溉面积	2.88 亿亩	
治理污染	农田污染	测土配方施肥覆盖率	90%	
		化肥利用率	40%	
		农作物病虫害统防统治覆盖率	40%	
	养殖污染**	养殖废弃物综合利用率	75%	90%
修复生态	林业生态	森林覆盖率	23%	
		农田林网控制率	90%	95%
	草原生态	草原综合植被盖度	56%	60%
	水生生态系统	水产健康养殖面积占比	65%	90%

注：*表示没有提具体年份，18 亿亩耕地和 15.6 亿亩基本农田可以理解为长期
红线。

＊＊表示 2017 年年底前，关闭或搬迁禁养区畜禽养殖场（小区）和养殖专业户，京
津冀、长三角、珠三角提前一年。

资料来源：笔者整理。

此前，2015年2月，中央政治局常务委员会会议审议通过《水污染防治行动计划》（以下简称"水十条"），4月2日出台。"水十条"的第一条就提出要全面控制污染物排放，控制农业面源污染是其中的核心内容之一，并且针对畜禽养殖污染防治提出了明确的目标要求，"2017年年底前，依法关闭或搬迁禁养区内的畜禽养殖场（小区）和养殖专业户，京津冀、长三角、珠三角等区域提前一年完成。现有规模化畜禽养殖场（小区）要根据污染防治需要，配套建设粪便污水贮存、处理、利用设施。散养密集区要实行畜禽粪便污水分户收集、集中处理利用。自2016年起，新建、改建、扩建规模化畜禽养殖场（小区）要实施雨污分流、粪便污水资源化利用。"此外，专门针对土壤污染治理的行动计划（俗称"土十条"）的方案已经国务院通过并对外发布，耕地土壤污染治理是"土十条"的核心内容之一。

在国务院部门层面，围绕"一控两减三基本"目标，农业部出台了《农业部关于打好农业面源污染防治攻坚战的实施意见》，并迅速发布了化肥农药零增长行动方案（全称为《到2020年化肥使用量零增长行动方案》、《到2020年农药使用量零增长行动方案》）。针对农药包装废弃物的环境污染问题，环境保护部组织起草了《农药包装废弃物回收处理管理办法（试行）》，该管理办法已经于2015年4月公开向社会征求意见，但目前尚未生效。

表3-6显示，在短短不到两年时间，密集出台了如此多的政策，不仅有国家级法律法规的修（制）订，而且有专项的国家级规划和有关部门更为具体的行动计划。当然，农业环境问题面广、复杂，目前的行动只能在一定程度上防止新增污染，还远远不足以还历史欠账。但足以体现中央对于农业环境治理的决心，并且各项政策间彼此衔接和配合，全面构建农业环境治理体系的端倪已现。

表3-6　　　　　　　　2014年以来出台的相关政策

政策类型	农村环境保护相关政策
法律法规	《畜禽规模养殖污染防治条例》（2014）
	《环境保护法》（2015）

续表

政策类型	农村环境保护相关政策
党中央国务院文件、全国性规划、计划	《关于加快推进生态文明建设的意见》（2015）
	《生态文明体制改革总体方案》（2015）
	《水污染防治行动计划》（2015）
	《全国农业可持续发展规划（2015—2030 年）》
	《农业环境突出问题治理总体规划（2014—2018 年）》
	《土壤污染防治行动计划》（2016）
部门规章、行动方案	《农业部关于打好农业面源污染防治攻坚战的实施意见》
	《到 2020 年化肥使用量零增长行动方案》
	《到 2020 年农药使用量零增长行动方案》
	《农药包装废弃物回收处理管理办法（试行）》（2015 年，征求意见）

资料来源：笔者整理。

第三节　本章小结

环境问题总是与经济发展相伴相生的，回顾过去的 40 年各时期的农村环境问题，有些具有鲜明的时代特征（如乡镇企业污染），有些持续存在并不断恶化（如农药化肥污染），本章通过回顾我国农村环境问题及其应对和管理的变迁历史，可以得出以下三方面结论。

第一，从政策体系的完备性角度而言，农村环境问题长期缺乏应有的关注。现行环境法律法规体系仍是以城市和工业点源污染防治为主，在农村地区缺乏实施的基础和条件。不同时期出台的农村环境保护政策大都是以规范性文件的形式，或只在专门的规划中提及，目前专门针对农业农村环境保护的全国性法规只有《畜禽规模养殖污染防治条例》一部。其余散见在其他法律法规中的规定往往由于缺乏可操作的政策手段而使之难以产生实质效果。

第二，从能力建设来看，农业环境管理机构呈萎缩趋势。40 年来，环境保护部门地位和职能的整体上升，伴随着农业部门在农村环保领域职能和机构的削减。但从环保部门内部职能和机构设置来看，农村环保工作并没有得到更多的重视，因此，农业农村环保工作整体处于弱化趋势，这与农业农村环境问题的长期性、复杂性和广泛性严重不对等。

第三，应对措施滞后于解决问题的需求。表 3 - 7 简要归纳了各时期农村环境问题的主要体现和应对措施。在 20 世纪 70 年代，提倡污水灌溉加剧了污染的转移并进一步导致了农田的大面积污染；在 20 世纪 80 年代，乡镇企业和城市污染大量向农村转移时，由于经济发展的需要，并没有采取太有力的措施遏制污染的转移，农业自身谋求发展生态农业，但无奈大环境的恶化；20 世纪 90 年代，各类环境问题在农村叠加，农村生态环境恶化开始显现，但应对的主要措施仅仅停留在村容村貌整顿上；进入 21 世纪，农业自身带来的面源污染日益凸显，人们对于农村环境改善的需求也更加迫切，农业自身的可持续发展也要求其向绿色转型，但农村环境治理的投入仍然相当有限。

表 3 - 7　　1973 年以来我国农村主要环境问题及政策对照

	1973—1979 年	1980—1989 年	1990—1999 年	21 世纪以来
主要环境问题	水污染问题	乡镇企业及城市污染转移	各类问题叠加，农村生态环境恶化显现	农业面源污染排放负面效应凸显
政策应对	提倡污水灌溉	发展生态农业	村容村貌整顿	农村环境综合整治、农业发展绿色转型

资料来源：笔者归纳。

综上所述，面对日益复杂和严重的农村环境恶化态势，我国长期存在政策不全、机构不足、手段和投入不够的问题，鉴于此，提出以下四方面政策建议。

第一，加快建立和完善农业农村环境保护政策体系。加快制定《农村环境保护条例》，制定农村环境保护规划的框架和标准、明确各级政府部门的环境管理职责、规范农村环境保护资金的使用和管理、对收集和公开农村环境和污染信息的程序和方法做出规定。针对不同类型的农村污染制定相应的政策和管理规划，加快完善农业面源污染防治的政策体系，并制定相应的标准和技术规范。对于已有法律法规中针对农村环境保护的相关规定，要将原则转化为手段和措施，使其真正服务于农村环保。

第二，在促进农业农村发展的政策中，凸显农村环境保护的重要性，建议出台以农村环保为主题的中央一号文件。从 40 年经验来看，农村环境保护政策主要分散在环保政策和农业发展政策中，特别是近年连续 14 个中央一号文件关注"三农"问题，几乎涵盖农业农村发展的方方面面，唯独缺乏农村环境保护这一主题，因此，若今后一号文件仍然聚焦农业农村，建议以农村环境保护为主题，以凸显农村环境保护的国家意志。

第三，强化农村环境保护管理机构。长期而言，农村环境保护需要跨部门、高位阶的综合管理体制。在目前的部门设置下，建议在环保部门建立农村司，在农业部门建立环境保护司，以细化各自在农村环境保护领域的管理职能。在地方层面，建立一个可以深入到乡村的基层环境治理机构，如环境管理合作组织或协会，接受政府委托，负责组织村民开展农村环境治理，由政府提供用于农村环境治理的专项资金和政策支持。

第四，大幅度增加农村环境保护资金投入。我国农村环保存在三重欠账：一是国民经济发展欠农业农村的账；二是经济发展欠环境保护的账；三是环境保护欠农村的账。此外，农业生产还具有一定的公益性。党中央提出了"工业反哺农业"和"建设社会主义新农村"的战略决策，在工业污染向农村转移、农村环保"三重欠账"和农业公益性的情况下，农村污染治理不是农业自身能够解决的问题。农村环保投入应当成为"工业反哺农业，城市支持农村"的抓手之一。应当大幅增加中央财政转移支付，用于完善农村环境监测网络、对污染处理设施、畜禽粪便资源化设备和工程进行补贴、养殖户培训等。应当将排污费的一定比例资金用于农村污染治理。

第四章 农户化肥施用行为与面源污染：
宏观视角的检验

化肥的过度使用是面源污染的重要来源，尤其是其产生的含氮污染物，占农业源排放的大部分。由于第二章已经较为全面地从科学机理上分析了农业行为（包括施肥行为）与面源排放的关系，本章首先从宏观层面分析化肥的去向，以期为国家农业面源污染治理"一控两减三基本"目标中化肥的减量寻找潜力；接着在流域尺度（以淮河流域为例）分析农户施肥行为对水体环境质量的实质影响。

第一节 化肥施用对象及增量来源分析

21 世纪以来，我国农业农村经济发展取得了巨大的成就，尤其是自 2004 年以来，我国粮食连年丰产，农民收入持续快速增长，为国民经济平稳运行提供了有力支撑。在农业生产中，化肥作为外源投入对促进农作物增产增效、保障国家粮食安全起到了重要作用。研究表明，我国化肥投入对粮食产量增加的贡献率为 40%—50% 以上（林毅夫，1992；张林秀等，2006）。[1][2] 伴随着粮食连年增产，我国化肥施用总量也从 2000 年的 4146 万吨增加到 2013 年的 5912

---

[1] 林毅夫：《制度、技术与中国农业发展》，上海三联书店 1992 年版。
[2] 张林秀、黄季焜、乔方宾、Scott Rozelle：《农民化肥使用水平的经济评价和分析》，载朱兆良、David Norse、孙波《中国农业面源污染控制对策》，中国环境科学出版社 2006 年版。

万吨，年均增长 3.04%；化肥施用强度从 2000 年的 265 千克/公顷增加到 2013 年的 357 千克/公顷，年均增长 2.5%，也远超国际公认的 225 千克/公顷的施肥上限。化肥施用面广量大、强度过高造成了严重的农业面源污染和地力下降问题，直接威胁农业可持续发展。为此，国家高度重视化肥污染防治工作，2008 年之后的中央一号文件都明确提到了农业化肥污染治理问题，"十二五"规划将节能减排目标由工业扩展到农业领域，将防治农业面源污染列为"十二五"重点工作。2014 年年底召开的全国农业工作会议更明确提出了包括减少化肥用量在内的农业面源污染治理"一控两减三基本"（农业用水总量控制；化肥、农药施用量减少；地膜、秸秆、畜禽粪便基本资源化利用）目标。科学种植、减量施肥能够减少农业投入，实现节本增效，防治农业面源污染，改善生态环境，保障农产品质量安全，促进农业可持续发展，具有显著的经济效益、环境效益和社会效益。

目前，关于我国化肥施用情况的研究主要集中在三个方面：一是分析化肥施用及其污染的现状，说明化肥过量施用造成严重的水资源、耕地等环境污染，分析施肥行为与环境质量变化之间的关系。二是剖析化肥施用量与强度持续增长的原因，主要包括政策原因（国家对化肥企业实施的"优惠＋限价＋补贴"等化肥产业政策以及对种粮农民推行的农资综合补贴等惠农政策在一定程度上拉动了化肥施用量的增加）、经济原因（农民作为追求收入最大化的理性经济人，农作物价格、农资产品价格、家庭收入、耕作方式等经济因素变动会引起农业种植结构调整和农户化肥施用行为的变动，进而直接影响化肥施用量和强度）、技术原因（化肥技术监管难、测土配方精细施肥管理难等导致化肥利用率低、施肥结构不合理）。三是提出减少化肥施用量和强度的政策建议，主要包括取消对化肥企业补贴的政策措施、对化肥征收环境税纠正农民施肥行为的经济措施和推广测土配方技术应用的技术措施。

尽管现有研究对我国化肥施用现状、原因及其政策建议进行了较为深入的研究，但是主要从化肥施用总量角度进行探讨，从农产品层面的分析有待进一步强化，且并未提出农业化肥减量的可行路径，对其支撑技术的研究也较少。本节从化肥施用对象、总量和增量的角度分析我国化肥施用现状，分解化肥施用量持续增长的原因，探寻在保障农业发展和治理面源污染的双重目标约束下农业化肥减量的可行路径。

一 数据来源和计算方法

为了解化肥的施用对象，本章所需化肥施用量数据通过单位面积化肥施用量乘以作物种植面积得到。其中，单位面积化肥施用量数据来自国家发改委价格司的《全国农产品成本收益资料汇编》，作物种植面积数据来自《中国农业年鉴》。对照两个数据来源，同时有化肥施用强度和种植面积的共有 12 种作物，包括稻谷、小麦、玉米、大豆、棉花、甘蔗、蔬菜、苹果、烤烟、花生、油菜籽、甜菜，数据最早年份追溯到 1998 年，最新为 2012 年。由于不是全部作物，因此本章计算出的化肥施用总量数据绝大部分年份比《中国统计年鉴》中的总量数据小，个别年份（2000 年）化肥总量数据大于《中国统计年鉴》数据，这可能源于统计口径的不同。本节主要讨论化肥施用对象和增量问题，对总量数据绝对值的精确性要求不高，并且在多数年份，本节计算所得总量基本都在《中国统计年鉴》总量的90% 以上（见表 4 - 1）。因此，可以反映主要问题，不对不同年份的化肥施用量进行调减处理。1998—2012 年，我国 12 种主要作物的化肥施用量由 3930 万吨增长到 5371 万吨，年均增长 2.4%。

表 4 - 1　本节计算所得化肥总量与《中国统计年鉴》数据对比

年份	T1：主要作物施肥总量（万吨）	T2：《中国统计年鉴》施肥总量（万吨）	T1/T2（%）
1998	3930	4084	96
1999	4074	4124	99

年份	T1：主要作物施肥总量（万吨）	T2：《中国统计年鉴》施肥总量（万吨）	T1/T2（%）
2000	4235	4146	102
2001	4077	4254	96
2002	4223	4339	97
2003	4275	4412	97
2004	4013	4637	87
2005	4184	4766	88
2006	4479	4928	91
2007	4754	5108	93
2008	4598	5239	88
2009	4918	5404	91
2010	5354	5562	96
2011	5284	5704	93
2012	5371	5839	92

应用数学和统计方法，对各类作物对化肥施用总量、增量的贡献进行计算，对增量部分再进一步细分为面积贡献、强度贡献和协同贡献。计算方法如下：

$$Q = \sum q = \sum s \times d \qquad (4-1)$$

$$\Delta Q = \sum \Delta q \qquad (4-2)$$

$$\Delta q = q_{t+1} - q_1 = s_t \times \Delta d_1 + \Delta s_t \times d_t + \Delta s_t \times \Delta d_t \qquad (4-3)$$

式（4-1）主要是对总量的计算，式（4-2）是对增量的计算，式（4-3）是对单个作物增量部分的细分。其中，Q 代表施用总量，q 代表单个作物的施用量，s 为某个作物的种植面积（公顷），d 为某个作物的化肥施用强度（吨/公顷）。

二 主要结论

1. 化肥施用"五分天下"，蔬菜用量最大

1998—2012 年，我国 12 种主要农作物的化肥施用量呈现"五

分天下"的特征，也即蔬菜、稻谷、小麦、玉米、其他经济作物（包括棉花、苹果、甘蔗、甜菜、烤烟、花生、油菜籽、大豆）各占 20% 左右，见图 4 - 1。在所有作物中，蔬菜的化肥施用量最大，2012 年为 1214 万吨，所占比重在 23% 上下；三大粮食作物中，稻谷、小麦的占比有下降的趋势，玉米的占比略有上升；其他经济作物中，棉花、苹果占比相对较大，在 4% 左右。

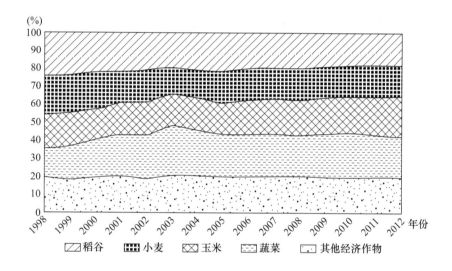

图 4 - 1 主要农作物化肥施用量占比

2. 经济作物施用强度较高，粮食作物施用强度基本稳定

我国 12 种主要作物的化肥施用强度可以分为四个层次：第一层次是苹果和甘蔗，这两类经济作物的化肥施用强度明显高于其他作物，其中苹果的施用强度为 60—70 千克/亩，甘蔗为 50—60 千克/亩；第二层次是蔬菜、烤烟和棉花，其化肥施用强度分别为 40—50 千克/亩、30—40 千克/亩、30 千克/亩上下；第三层次是甜菜、小麦、玉米，施用强度为 20—30 千克/亩，稻谷基本在 20 千克/亩上下波动；第四层次是花生、油菜籽的施用强度为 10—20 千克/亩，大豆在 10 千克/亩以内。整体上，经济作物的化肥施用强度明显高

于粮食作物。

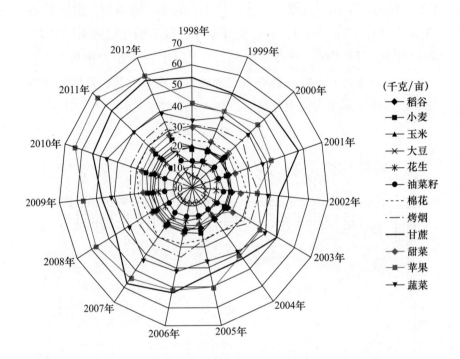

图 4-2 主要农作物化肥施用强度

3. 施用强度上升是化肥增量的主要原因，蔬菜对增量贡献最大

2012 年，12 种主要作物的化肥施用量比 1998 年增加了 1440 万吨，增长 36.6%。化肥施用强度上升是化肥用量增加的主要原因，对增量的贡献率为 58.2%；作物种植面积变化对增量的贡献率为 41.8%。

分作物看，稻谷、小麦、大豆等 7 种作物的化肥增量都主要是由化肥施用强度上升引致。值得注意的是，由于种植面积的减少，小麦的化肥施用总量增幅较少，但化肥施用强度上升导致的化肥增量为 286.7 万吨，超过了种植面积减少对化肥减量的贡献（209.8 万吨）。单个品种对化肥增量贡献最大的是蔬菜，其化肥施用量增加 609 万吨，占增量的 42.3%；其次为玉米，其化肥施用量增加

457万吨，占增量的31.8%。蔬菜和玉米对化肥增量的贡献达到74.1%。

表4-2 2012年各类作物对化肥增量的贡献（以1998年为基准）

	总体变化		面积变化对增量的贡献		强度变化对增量的影响	
	用量增加（万吨）	占比（%）	用量增加（万吨）	占比（%）	用量增加（万吨）	占比（%）
稻谷	17.55	1.22	-34.40	-2.39	51.97	3.61
小麦	76.87	5.34	-209.80	-14.57	286.72	19.91
玉米	457.29	31.75	336.90	23.39	120.39	8.36
大豆	27.61	1.92	-18.30	-1.27	45.90	3.19
花生	64.28	4.46	17.00	1.18	47.32	3.29
油菜籽	35.48	2.46	19.80	1.38	15.66	1.09
棉花	64.06	4.45	11.00	0.76	53.11	3.69
烤烟	23.35	1.62	14.80	1.03	8.51	0.59
甘蔗	42.99	2.98	34.40	2.39	8.64	0.60
甜菜	-16.22	-1.13	-14.80	-1.03	-1.38	-0.10
苹果	38.04	2.64	-35.20	-2.44	73.26	5.09
蔬菜	609.01	42.28	480.70	33.37	128.34	8.91
合计	1440.31	100.00	601.87	41.79	838.44	58.21

第二节 化肥施用对水质影响的
实证分析：以淮河为例

本节将以淮河流域为例，利用降水和水体中污染物浓度的关系，同时考虑降水和农业施肥行为是否同步，检验农业面源污染是否为水体污染物浓度上升并进而导致水质恶化的首要原因。或者更具体地讲，本节所要回答的研究问题是：在什么地点、什么时间，农业面源污染会引起水体污染物浓度显著上升，进而成为水污染的首要原因。

一 数据来源

本节所用数据主要包括三部分：水质、降水量、施肥信息。首先，水质数据来自环境保护部数据中心每周发布的《全国主要流域重点断面水质自动监测周报》（以下简称《水质周报》）。[①]《水质周报》中的水质指标包括 pH 值、溶解氧（DO）、化学需氧量（COD）、总有机碳（TOC）、氨氮（NH_3-N）以及根据《地表水环境质量标准》（GB 3838—2002）得出的水质类别。本节截取 2012年《水质周报》中淮河流域 27 个国控断面的水质数据。由于受枯水期断流以及假期等因素的影响，水质信息存在部分缺失，除江苏徐州小红圈断面只有 33 周数据外，其余各断面全年有数据的周数均为 47 个。选择淮河流域的水污染状况作为分析对象，主要是因为淮河流域工农业生产活动都比较活跃，具有一定的典型性，也是近年来受到广泛关注的河流污染区域。从 2012 年的水质数据来看，COD和 NH_3-N 超标是该地区水污染的主要表现，其中，NH_3-N 超标的周数占总观测周数的比例达到了 18%。本节在经验分析中主要使用 NH_3-N 浓度来测度农业面源污染物对水质的影响。之所以选择 NH_3-N 而不是 COD 作为识别农业面源污染的指标，是因为沿淮各省农业以种植业为主，而种植业中化肥养分流失产生的污染物主要是 NH_3-N，种植业对 COD 排放影响很小。例如，环境保护部、国家统计局、农业部 2010 年联合发布的《第一次全国污染源普查公报》显示，农业 COD 排放的 96% 来自畜禽养殖，其余来自水产养殖，种植业对 COD 排放的贡献被忽略。[②]

其次，降水量数据是中国气象局国家级地面气象观测站的 8 时

---

① 环境保护部数据中心：《全国主要流域重点断面水质自动监测周报》，环境保护部数据中心网站（http://datacenter.mep.gov.cn/）。

② 环境保护部、国家统计局、农业部：《第一次全国污染源普查公报》，国家环境保护部网站（http://cpsc.mep.gov.cn），2010 年 2 月 6 日。

前的 24 小时降水数据，将日降水量数据加总后得到周降水量数据。本书通过比对经纬度，以水质监测断面为基准，寻找最相近的气象观测站点与其对应，实际上绝大部分水质监测断面和气象观测站点基本重叠。

最后，由于相关区域化肥使用量等具体施肥强度的数据难以获得，本书以"是否为施肥季"作为施肥行为的虚拟变量。笔者通过电话等方式咨询水质监测断面所在县（市）涉农部门管理或技术人员，获得当地的作物种植结构及其相应的主要施肥时间（例如某月上旬），进而确定《水质周报》中各周次是否对应于农业生产中的施肥季节，对应于施肥季节赋值为 1，不对应于施肥季节赋值为 0。

二　描述性分析

1. 淮河各断面水体污染程度

为了便于了解淮河流域整体水体污染状况，以Ⅲ类水为基准[①]，根据各断面全年水质达标状况，将其 27 个断面按照水体污染程度分为以下 4 种情形：

（1）无污染或水质良好断面（以下简称无污染断面）。水质类别全年等于或优于Ⅲ类，该类断面有 5 个（见表 4 - 3，下同）。

（2）轻度污染断面。全年超过一半时间水质等于或优于Ⅲ类，该类断面有 10 个。

（3）中度污染断面。全年超过一半时间水质劣于Ⅲ类，该类断面有 9 个。

（4）重度污染断面。全年水质一直劣于Ⅲ类，该类断面有 3 个，且均分布在安徽省境内。

---

① 水质类别依据《地表水环境质量标准》（GB 3838—2002）划分。根据该标准，水质类别采用单因子评价法，Ⅲ类水对应的 $NH_3 - N$ 浓度限值为 1.0 毫克/升。该标准同时规定，Ⅲ类水标准主要适用于集中式生活饮用水地表水源地二级保护区、鱼虾类越冬场、洄游通道、水产养殖区等渔业水域及游泳区。通常评价地表水体水质"达标"或"超标"即以Ⅲ类为标准。

表4-3 淮河流域各监测断面水质状况

污染程度	断面名称	水质Ⅰ—Ⅲ类的周数	水质劣于Ⅲ类的周数
无污染 （5个）	河南信阳淮滨	47	0
	河南信阳蒋集	47	0
	江苏徐州李集桥	47	0
	安徽淮南石头埠	47	0
	山东枣庄台儿庄大桥	47	0
轻度污染 （10个）	安徽阜南王家坝	45	2
	山东临沂重坊桥	45	2
	安徽滁州小柳巷	44	3
	江苏盱眙淮河大桥	40	7
	河南周口鹿邑付桥闸	34	13
	安徽宿州泗县公路桥	34	13
	安徽蚌埠闸	42	5
	江苏连云港大兴桥	32	15
	江苏泗洪大屈	28	19
	河南永城黄口	24	23
中度污染 （9个）	江苏邳州邳苍艾山西大桥	22	25
	河南驻马店班台	20	27
	山东临沂清泉寺	19	28
	山东临沂涝沟桥	13	34
	江苏徐州小红圈	10	23
	安徽阜阳徐庄	10	37
	安徽淮北小王桥	8	39
	安徽界首七渡口	8	39
	河南周口沈丘闸	8	39
重度污染 （3个）	安徽亳州颜集	0	47
	安徽宿州杨庄	0	47
	安徽阜阳张大桥	0	47

资料来源：环境保护部数据中心：《全国主要流域重点断面水质自动监测周报》，环境保护部数据中心网站（http：//datacenter.mep.gov.cn/）。

2. 淮河水污染（氨氮浓度）随时间变化的特征

图 4 - 3 显示了所有监测站点的周平均降水量与 $NH_3 - N$ 浓度的变化情况。可以看出，年初平均降水量比较低，$NH_3 - N$ 浓度持续停留在比较高的水平；进入 3、4 月以后，随着降水量的增加，污染浓度呈现下降的趋势；但是，进入 6 月以后，降水量与污染浓度呈现高度的动态一致性，降水量的增加会显著提高下一周的污染浓度；从 10 月开始，随着降水量的再次下降，污染浓度再次呈现上升的趋势。据此可以大致推测，在秋冬季节，由于降水量比较小，同时农业生产活动也相对减弱，污染与降水的相关性主要体现为降水的稀释作用；在春夏季节，农业生产活动和雨量的叠加使得污染与降水呈现明显的正向相关性，此时，降水对污染物的携带作用可能超过了稀释作用。

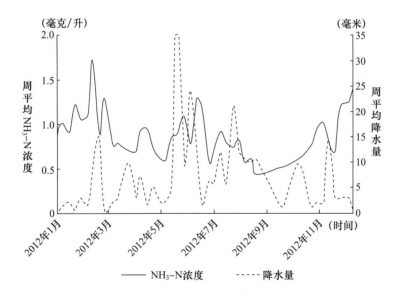

图 4 - 3 淮河流域监测站点平均降水量与平均 $NH_3 - N$ 浓度的变化特征

资料来源：环境保护部数据中心：《全国主要流域重点断面水质自动监测周报》，环境保护部数据中心网站（http://datacenter. mep. gov. cn/）。

三 模型设定及估计方法

本部分利用经济计量模型来估计降水量对 NH_3-N 浓度的影响,以回应前文所提出的研究问题。

设置如下包括区域固定效应的动态面板模型:

$$\ln NH_3H_{i,t} = \beta_0 + \beta_1 \ln NH_3N_{i,t-1} + \beta_2 \ln Rain_{i,t} + \beta_3 \ln Rain_{i,t-1}$$
$$+ \beta_4 Fer_{i,t-1} + \beta_5 (Fer_{i,t-1} \times \ln Rain_{i,t-1}) + \theta_i + \varepsilon_{i,t}$$

$$(4-4)$$

式中,下标 i、t 分别代表地区(观测断面)和时间(周次);θ_i 为区域固定效应,用来控制未被观测到且不随时间变化的因素的影响,$\varepsilon_{i,t}$ 为随机误差项;$\ln NH_3N_{i,t}$ 为被解释变量,表示断面 i 在时间 t 的 NH_3-N 浓度的对数;式(4-4)中主要的解释变量包括:滞后一期 NH_3-N 浓度的对数 $\ln NH_3N_{i,t-1}$,当期和滞后一期降水量的对数($\ln Rin_{i,t}$ 和 $\ln Rain_{i,t-1}$),滞后一期施肥季节虚拟变量($Fer_{i,t-1}$)以及滞后一期施肥季节虚拟变量与滞后一期降水量的交叉项($Fer_{i,t-1} \times \ln Rain_{i,t-1}$)。施肥季节虚拟变量在引入模型时都被滞后了一期,这是考虑到化肥氮素流失进入水体需要一定的时间,而当期的施肥更可能对下一期的水质观测结果产生影响。根据前文的分析,如果该变量具有统计显著性且系数估计值为正,就可以认为降水携带农业面源污染物导致水体污染物浓度上升。另外,模型中降水量和 NH_3-N 浓度变量都取了对数,这使得其系数估计值具有更直观的含义,可以表示(当期或滞后期)降水量变化率对 NH_3-N 浓度变化率的影响(即弹性)。本章经济计量模型所使用变量的定义及其描述性统计详见表4-4。

表4-4 变量的定义与描述性统计

变量名称	定义	观测值数	均值	标准差	最小值	最大值
NH_3-N 浓度 (NH_3N)	监测断面取水口附近水中 NH_3-N 浓度的周平均值(毫克/升)	1090	0.90	1.85	0	20.40

续表

变量名称	定义	观测值数	均值	标准差	最小值	最大值
降水量（Rain）	国家级地面气象观测站所观测的 7 日降水量相加而得的周降水量（毫米）	1090	6.22	8.55	0	61.30
是否施肥季节（Fer）	根据农作物生长需要，若该周处于施肥季节则取值 1，否则为 0	1090	0.11	0.32	0	1

由于本书设定的经济计量模型中包含了被解释变量的滞后项，这使得解释变量与随机误差项之间存在相关性。因此，如果使用传统的固定效应模型或随机效应模型来估计式（4-4），可能会得到有偏且不一致的估计结果。为解决这一问题，Arellano 和 Bond（1991）以及 Blundell 和 Bond（1998）分别提出了差分广义矩估计（difference - GMM，以下简称差分 GMM）、系统广义矩估计（system - GMM，以下简称系统 GMM）两种方法。本章同时使用这两种估计方法以检验估计结果的稳健性。

四 估计结果及解释

本部分分别利用全部样本和根据污染程度分组的子样本，同时使用差分广义矩估计和系统广义矩估计方法对式（4-4）的经济计量模型进行估计，以考察降水量、是否施肥季节对淮河流域水质的影响，所得估计结果分别如表4-5至表4-8所示。

在使用广义矩估计（GMM）方法时，需要对模型的假设进行检验。参照 Blundell 和 Bond（1998）的做法，对各模型设定情况下的随机误差项分别进行一阶和二阶序列相关性检验［AR（1）检验、AR（2）检验］和工具变量的过度识别检验（Sargan 检验）。在下文的模型估计中，所有结果均通过了序列相关性检验，即差分后的残差项存在一阶序列相关，但不存在二阶序列相关。Sargan 检验结果进一步表明，不能拒绝工具变量的外生性。需要说明的是，当误差项存在异方差时，Sargan 检验倾向于过度拒绝原假设。对此，Arellano 和 Bond（1991）认为，采用两步（two - step）估计后再进行 Sargan 检验较为稳妥。本书所报告的 Sargan 检验结果均为采用两步估计后所获得的结果，但对于有的模型设定（特别是在采用系统 GMM 方法时），可能由于样本数量偏少和工具变量偏多的问题，Sargan 检验倾向于过度拒绝过度识别假设（表 4 - 6 中 Sargan 检验的 p 值均为 1.000）。这说明，虽然本章在采用了两步估计法后进行了工具变量的过度识别检验，但其检验效率依然较低。综合来看，在本章的估计结果（特别是在差分 GMM 估计结果）中，工具变量的外生性假设没有被拒绝。

1. 全样本回归结果

表 4 - 5 和表 4 - 6 分别提供了全样本回归的差分 GMM 和系统 GMM 估计结果。[①]

首先，本节仅引入滞后一期 $NH_3 - N$ 浓度和当期降水量作为解释变量，所得估计结果由表 4 - 5 和表 4 - 6 中的回归 1、回归 4 给出。差分 GMM 和系统 GMM 显示出比较一致的结果，即污染具有累积性，前期污染物浓度的增加会显著提高当期污染物的浓度。从强度来看，在其他条件不变的情况下，上周 $NH_3 - N$ 浓度每增加 1%，随后一周的 $NH_3 - N$ 浓度将会提高 0.3% —0.5%。

其次，在回归 1 和回归 2 的基础上又引入滞后一期降水量，即回归 2 和回归 5。估计结果显示，滞后一期降水量在 5% 的水平上具有统计显著性，且系数估计值为正；同时，滞后一期污染物的系数估计值略有下降。这表明，有部分污染物通过降水的携带作用进入了水体，降水量的增加使未来的污染物浓度提高。

最后，为了进一步考察降水在是否施肥季节的不同影响，又在回归 2 和回归 5 的基础上引入了降水量与是否施肥季节虚拟变量的

---

① 此处及下文的估计结果均为一步（one - step）估计结果，与采用两步（two - step）方法的估计结果一致，故没列出。

交叉项，即回归3和回归6，将降水的作用分解到不同的时期。两种估计结果均显示，过去的降水——特别是在施肥季节的降水——会显著提高未来的污染物浓度。[①] 这一结果进一步说明，有污染物通过降水的携带作用进入了河流，而且这种作用更多地体现在农业生产中施肥比较集中的时间。从系数估计值的大小来看，保持其他条件不变，施肥季节的降水量每增加1%，将导致下一期污染浓度提高约0.1%。[②]

表4-5　降水量、施肥对河流水质的影响：全样本差分GMM估计结果

	回归1	回归2	回归3
滞后一期 $NH_3 - N$ 浓度的对数	0.282 *** （5.19）	0.276 *** （4.75）	0.263 *** （4.56）
当期降水量的对数	-0.015 * （-1.67）	-0.009 （-0.99）	-0.010 （-1.11）
滞后一期降水量的对数	—	0.021 ** （2.21）	0.013 （1.29）
滞后一期是否施肥季节虚拟变量	—	—	-0.080 （-0.90）
滞后一期是否施肥季节与滞后一期降水量对数的交叉项	—	—	0.097 *** （2.94）
常数项	-0.566 *** （0.282）	-0.579 *** （0.276）	-0.581 *** （0.263）
AR（1）检验 p 值	0.000	0.000	0.000
AR（2）检验 p 值	0.573	0.545	0.490
Sargan 检验 p 值	0.897	0.927	0.934
观测值数	790	708	708

注：括号内的数字为 t 检验统计值；***、**、*分别表示在1%、5%、10%的水平上显著；"—"表示无估计值；各回归中观测值数由于引入滞后变量和对变量进行差分而存在差异。

----

① 表4-5中滞后一期降水量自身并不显著，与施肥季节虚拟变量的交叉项却十分显著。对这两个变量进行联合显著性F检验，其 p 值为 0.0014。所以，总体来看，滞后一期降水量的影响具有统计显著性。

② 根据表4-5和表4-6中回归3和回归6的估计结果，滞后一期降水量的系数之和约为 0.1 （0.013 + 0.097 = 0.110 或 0.022 + 0.093 = 0.115）。

表 4 - 6　　　　　　　　**降水量、施肥对河流水质的影响：**

全样本系统 GMM 估计结果

	回归 4	回归 5	回归 6
滞后一期 NH₃ - N 浓度的对数	0.514 ***	0.512 ***	0.505 ***
	(12.74)	(12.50)	(12.41)
当期降水量的对数	- 0.018 *	- 0.011	- 0.012
	(- 1.90)	(- 1.14)	(- 1.23)
滞后一期降水量的对数	—	0.031 ***	0.022 **
		(3.00)	(2.14)
滞后一期是否施肥季节虚拟变量	—	—	- 0.141
			(- 1.53)
滞后一期是否施肥季节与滞后一期降水量对数的交叉项	—	—	0.093 ***
			(2.63)
常数项	- 0.374 ***	- 0.392 ***	- 0.382 ***
	(- 10.22)	(- 10.33)	(- 9.85)
AR（1）检验 p 值	0.000	0.000	0.000
AR（2）检验 P 值	0.387	0.326	0.356
Sargan 检验 p 值	1.000	1.000	1.000
观测值数	974	864	864

注：括号内的数字为 t 检验统计值；＊＊＊、＊＊、＊分别表示在 1%、5%、10% 的水平上显著；"—"表示无估计值；各回归中观测值数由于引入滞后变量和对变量进行差分而存在差异。

2. 子样本估计结果

在上文分析中，虽然控制了地区固定效应，但回归结果依然可能受到样本异质性的影响。戚晓鹏等（2012）对淮河流域水污染与癌症发病率关系的研究表明，淮河流域水污染呈现明显的空间差异性，不同地区污染的种类和影响强度有较大差别。前文的分析也显示，淮河流域各断面水体的污染程度存在较大差异，本章进而将 27 个断面分为无污染、轻度污染、中度污染和重度污染四组。本章利用各分组样本重新对式（4 - 4）的经济计量模型进行了估计，所得估计结果如表 4 - 7 和表 4 - 8 所示。

表 4 - 7　　　　　降水量、施肥对河流水质的影响：
子样本差分 GMM 估计结果

	无污染断面	轻度污染断面	中度污染断面	重度污染断面
滞后一期 $NH_3 - N$ 浓度的对数	0.270 ***	0.455 ***	0.280 ***	0.225 *
	(3.61)	(8.32)	(4.75)	(1.66)
当期降水量的对数	− 0.006	− 0.001	− 0.019	− 0.000
	(− 0.42)	(− 0.10)	(− 1.18)	(− 0.01)
滞后一期降水量的对数	0.002	0.030 **	0.013	0.013
	(0.10)	(2.48)	(0.77)	(0.35)
滞后一期是否施肥季节虚拟变量	0.017	− 0.161 *	0.134	− 0.523
	(0.16)	(− 1.68)	(0.97)	(− 0.80)
滞后一期是否施肥季节与滞后一期降水量对数的交叉项	0.085 **	0.060	0.136 **	− 0.174
	(2.29)	(1.25)	(2.41)	(− 0.29)
常数项	− 0.796 ***	− 0.701 ***	− 0.481 ***	0.817 ***
	(− 9.07)	(− 9.21)	(− 8.98)	(5.39)
AR (1) 检验 p 值	0.048	0.090	0.041	0.206
AR (2) 检验 p 值	0.103	0.808	0.562	0.255
Sargan 检验 p 值	1.000	1.000	1.000	1.000
观测值数	162	328	281	93

注：括号内的数字为 t 检验统计值；***、**、* 分别表示在 1%、5%、10% 的水平上显著。

　　对样本分组回归后，滞后一期是否施肥季节虚拟变量与滞后一期降水量对数的交叉项的估计结果发生了最为明显的变化。对于无污染、轻度污染的子样本，施肥季节的降水量依然引起水体污染浓度的上升，但其显著性水平和系数估计值大小都较之前的全样本估计结果有所降低，其原因可能是，清洁的水对污染物的变化非常敏感，但由于污染物非常少，这种作用的强度相对微弱。$NH_3 - N$ 浓度受降水和施肥影响最大也最具统计显著性的是中度污染子样本，滞后一期是否施肥季节虚拟变量与滞后一期降水量对数交叉项的系数估计值大约为 0.136—0.164，大于全样本回归下的估计结果，其显著性水平也在各子样本回归结果中最高。这表明，中度污染区域是水体污染受农业生产活动影响最为显著的区域。而对重度污染子样本的回归结果来说，滞后一期是否施肥季节虚拟变量与滞后一期降水量对数交叉项均不显著，说明严重污染区域的水质基本上不受降水和施肥的影响。通过子样本回归分析可以发现，农业面源污染物排放提高了中度污染区域的水体污染程度，但对重度污染区域的水质没有产生显著影响。

表 4 - 8　　　　　　　　降水量、施肥对河流水质的影响：
子样本系统 GMM 估计结果

	无污染断面	轻度污染断面	中度污染断面	重度污染断面
滞后一期 $NH_3 - N$ 浓度的对数	0.403 ***	0.510 ***	0.357 ***	0.398 ***
	(6.64)	(11.85)	(7.40)	(4.33)
当期降水量的对数	− 0.006	0.007	− 0.017	0.013
	(− 0.50)	(0.62)	(− 1.15)	(0.44)
滞后一期降水量的对数	0.009	0.042 ***	0.026	0.028
	(0.52)	(3.73)	(1.62)	(0.89)
滞后一期是否施肥季节虚拟变量	− 0.013	− 0.260 ***	0.139	− 0.178
	(− 0.13)	(− 2.90)	(1.10)	(− 0.27)
滞后一期是否施肥季节与滞后一期降水量对数的交叉项	0.062 *	0.084 *	0.164 ***	0.099
	(1.78)	(1.94)	(3.06)	(0.16)
常数项	− 0.652 ***	− 0.632 ***	− 0.437 ***	0.636 ***
	(− 8.99)	(− 10.20)	(− 8.94)	(5.16)
AR (1) 检验 p 值	0.059	0.011	0.007	0.104
AR (2) 检验 p 值	0.103	0.754	0.931	0.267
Sargan 检验 p 值	0.200	1.000	1.000	0.368
观测值数	162	328	281	93

注：括号内的数字为 t 检验统计值；*** 、* 分别表示在 1%、10% 的水平上显著。

五　结论与政策启示

总体而言，不能笼统地断言农业面源是水体污染的首要原因。本书表明，淮河流域降水量、农业生产活动与水质变化具有动态相关性，但这种相关性具有明显的区域差异，表现为：在水质常年超标的重度污染断面，降水携带的农业面源污染物对水体污染物浓度没有明显的影响，据此判断，重度污染区域水体污染常年超标的原因是工业和城镇点源污染物排放；在水质常年达标的无污染断面，降水的增加会显著提升水体污染物浓度，但尚不足以造成水质超标；在中度污染断面，降水所带入的农业面源污染物会显著提升水体污染物浓度，对水环境质量恶化有较大影响；在轻度污染断面，降水所带来的农业面源污染物也会显著提升污染物浓度，但大部分时间断面水质还是处于达标状态。结合中国当前和今后一段时间的水环境保护工作，得出以下三点启示：

第一，要改善流域水质，首要的工作仍然是遏制工业污染物的排放。农业面源污染具有季节性，而工业和城市污染具有持续性，因此，无论是对污染较轻区域的水质保护，还是对污染严重区域的水质改善，都要优先控制具有持续性影响的工业和城镇污染，严格执行已有的政策和监管，以确保工业和城镇点源污染物连续、稳定的达标排放。

第二，对农业面源污染的防治要提高区域针对性，重点针对农业面源污染对水体污染物浓度变化边际贡献较大的中度污染区域，以获得最大的污染控制边际效应。

第三，农业面源污染的削减措施与改变施肥行为密切相关。一是采用更加合理的施肥技术（例如更为精确地测土、使用环境友好型肥料等），以减少化肥施用量；二是合理选择施肥时间，气象部门与农业部门应当更好地在信息共享上协作，并将有关信息传达至农民，尽量避免施肥行为与大量降水在时间上的重叠，在不影响化肥施用效果的前提下减少降水携带作用导致的养分损失，并减少污染。

相比于以往的文献，本章使用了 2012 年淮河流域 27 个监测站点的周观测数据，其中的水污染构成和降水数据准确而翔实，从而克服了农业面源污染直接观测数据的贫乏。在方法上，本书利用降水量这一外生因素，以及降水在面源污染物进入水体上的中介作用来捕捉农业面源污染与水体污染的关系，这一方法克服了地区层面农业面源污染物调查数据不足的缺陷。本书依据水体污染程度不同所做的子样本分析也有助于更好地区分点源和面源污染物对水体污染的贡献程度，进而提出有针对性的防治措施。限于研究条件和能力，本书仍存在以下几方面的不足，有待后续研究完善：一是没有考虑灌溉导致部分农业面源污染物随着淋溶进入地下，从而减少了其进入河流的数量，并且灌溉取水也将影响河流水量；二是没有获得施肥量数据，而是用"是否施肥季节"这样一个定性变量代替，一定程度上削弱了模型估计结果的精确性；三是选择 NH_3-N 浓度来反映水体污染程度，并且没有考虑畜禽养殖污染的影响，这使得本章对于农业面源污染的界定并不全面。未来研究若能在数据获取上弥补以上三方面的不足，在本章提供的分析思路和方法的基础上，则可以就农业面源污染对水体污染的影响做出更加准确和全面的判断。

第三节　本章小结

一　农业化肥减量路径

在当前和今后一段时期，保障农产品有效供给仍然是各项涉农工作的核心目标，化肥减量工作也应当在此目标下开展。实际操作中，首先要明确农业化肥减量的对象，具体到作物；其次要合理利用相关技术，以最小的代价实现化肥减量。

1. 农业化肥减量的可行路径分析

无论从控制面源污染保护环境，还是降低生产成本提高农业竞争力的角度来看，我国农业化肥减量都势在必行。农业化肥减量要从控制化肥增量做起。前面的分析表明，化肥增量主要贡献因素是种植面积增加和施用强度加大，其中种植面积反映了市场对农产品的需求。从保障农产品需求的角度来看，控制化肥增量首先要控制由于施用强度上升带来的化肥施用量增加。因此，控制化肥施用强度是农业化肥减量的首要手段。

要根据现行化肥施用强度的主要贡献作物确定农业化肥减量的可行路径。首先，大类作物中，重点控制蔬菜、小麦、玉米、稻谷等对化肥增量贡献大的作物；其次，小类作物中优先控制苹果、甘蔗等施用强度高的作物；最后，控制小类作物中强度上升幅度较大的作物，如花生、大豆、棉花；烤烟作为一种非必需且不利于健康的农产品，在控制强度的同时，也应当限制面积。以2012年为例，12种作物的施肥总量为5370.8万吨，比2011年增加了86.5万吨，其中56.7万吨的增量来自使用强度的上升；29.8万吨来自种植面积的变化。反之，如果能够保持施用强度不变的话，就可以避免56.7万吨的增量。

2. 农业化肥减量的支撑技术

化肥减量技术是指在不减少作物产量的条件下，通过一系列产前、产中、产后节肥技术的综合，减少化肥施用量，提高化肥利用率，实现农业节本增效，减少农业面源污染。科学研究表明，在采取恰当耕作技术和管理方式的条件下，以更少的化学投入也能获得更高的产量。

产前节肥技术。通过推广高效缓释肥、水溶性肥料等新型环保肥料，促进化肥高效利用。缓释肥是肥料养分释放速率缓慢，释放期较长，在作物的整个生长期都可以满足作物生长需要的肥料，突出特点是释放率和释放期与作物生长规律有机结合，从而使肥料养分有效利用率提高30%以上。水溶性肥料是一种可以完全溶于水的多元复合肥料，包括氮、磷、钾及各种微量元素等作物生长所需要的全部营养元素，作物吸收利用率较高，能够达到70%—80%。

产中节肥技术。通过改变施肥方式和肥料成分，减少化肥流失，实现化肥高效吸收，主要包括测土配方施肥、化肥深施、秸秆还田、水肥一体化等。其中，测土配方施肥是根据作物的需肥特性、土壤的养分含量和肥料品种等因素，有针对性地制订出富含氮、磷、钾及微量元素的施肥技术方案。测土配方施肥技术要坚持有机肥料和无机肥料相结合，确定氮、磷、钾以及其他微量元素的合理施肥量及施用方法，维持土壤肥力水平，提高肥料利用率，减少化肥流失对环境的污染，既增加农作物产量，又减少化肥投入量，达到农业优质、高效、高产的目的，实现经济、环境和社会效益间的相互协调。化肥深施技术是将化肥定量均匀地施入地表以下作物根系密集部位，使之被作物充分吸收，同时又显著减少肥料有效成分挥发和流失的技术。研究表明，碳酸氢铵、尿素深施地表以下6—10厘米的土层中，比表施的利用率相对提高115%和35%。秸秆还田技术是将摘穗后直立的作物秸秆，用于大中型拖拉机配套的秸秆还田机具直接粉碎、抛撒于地表，随即耕翻入土，使之腐烂分解做底肥，可以分为粉碎翻压还田、覆盖还田、堆沤还田和过腹还田四类，还田的秸秆可以提高土壤肥力，进而减少化肥施用量。水肥一体化技术的关键是利用管道灌溉系统，将肥料溶解在水中，同时进行灌溉与施肥，适时、适量地满足农作物对水分和养分的需求，实现水肥同步管理和高效利用。

产后化肥污染治理技术。主要包括面源污染防治技术和水体富营养化治理技术。其中，面源污染防治技术的关键在于吸收化肥中未被作物有效吸收的氮、磷等污染物，主要采用的技术包括生态沟渠、生化塘、人工湿地技术等。水体富营养化治理技术的关键在于削减水体中的氮、磷以及沉淀物中有机碳和氮、磷的负荷，主要采用的技术包括物理化学技术和生物技术。

需要注意的是，要将现有农业化肥减量技术与路径结合起来，重点发展经济有效、操作简易、环境友好、与化肥减量路径匹配的适用技术。例如，目前测土配方施肥技术主要用于大田作物，对蔬菜等经济作物的应用较少。但蔬菜却是重点控制化肥施用量的作物，应该大力发展蔬菜测土配方施肥技术。根据蔬菜类型和品种、生长发育、产量和测定土壤养分含量情况，确定施肥种类、数量、配比和时间。化肥减量技术必须建立在真实、合理、全面的调查和试验数据基础上，才能更好地发现施肥的主要发展趋势和存在问题，尤其是设置一定数量的农民跟踪调查，使化肥减量技术的效果评估及改进建议更有针对性和可操作性。

二　农业化肥减量的对策建议

我国现行化肥管理政策和制度是在一定程度上造成了化肥过量施用和农业面源污染严重，制约农业的长期可持续发展。应当以党的十八届五中、六中全会的精神为指导，按照五位一体的总体布局，推进化肥施用量和强度的"双降"。

1. 完善农业面源污染防治的顶层设计

化肥减量是农业面源污染防治工作的重要内容，因此要将化肥减量纳入农业面源污染防治乃至农村生态文明建设的顶层设计中去。一是要研究在新《环境保护法》的框架下，制定"农业环境保护条例"或相关保护性条例（例如"耕地质量保护条例"）的必要性和可行性，以法律法规的明确性、强制性和稳定性，为农业化肥减量目标的实现和现代农业发展保驾护航，使化肥管理有法可依。二是要将农业面源污染防治上升为国家意志，并将化肥减量作为重要抓手，建议在"十三五"期间，在国家层面出台"农业面源污染防治规划"，详细界定近期农业化肥减量的总体目标、激励和约束措施、相关主体责任等方面的内容。

2. 加强农业化肥减量的相关政策创设

我国对化肥企业给予"优惠＋补贴＋限价"的政策在一定程度上是化肥过量施用的政策性根源。因此，实现农业化肥减量目标，既要调整优化已有政策，减少并逐步取消对化肥企业的财政补贴和税收优惠，进一步提高对新型环保肥料、有机肥和测土配方施肥等的补助力度；又要加强政策创设，对化肥减量技术的研发、生产、推广和使用全程进行补贴，建立化肥减量技术科研成果权益分享机制，形成完整的农业化肥减量政策体系。

3. 提升和推广节肥增效技术

化肥施用强度上升是化肥增量的主要原因，化肥利用效率不高是化肥施用强度上升的主要贡献因素。应不断加强经济有效、操作简易、环境友好、与化肥减量路径匹配的适用节肥增效技术的研究和推广。养分资源综合管理技术结合测土配方施肥技术是提高我国化肥利用效率、降低化肥过量施用产生的生态风险和环境代价的重要途径。继续推广测土配方施肥，尤其是在蔬菜种植中的应用。

此外，加快农业结构的调整和优化对减缓我国化肥的过量施用具有重要意义。应该结合各地区资源禀赋优势，调整和优化各类农作物和各区域的农业结构，大力推进"化肥节约型"的农业生产结构调整进程。

第五章　农药为什么会过度使用

——基于农户行为观察的微观解释

我国是世界上最大的农药消费国，但是农药的利用效率不高。农药对于环境的影响比较复杂，不是单纯的污染问题，还包括其毒性引起的各类急慢性健康和生态危害，农药的成分也比较复杂，在科学上主要属于环境毒理学的研究范畴。讨论农药对环境的影响、对面源污染的贡献，显然超出笔者的知识范围，也不是本项目的重点，因此，本书更多从农户行为层面，探讨农药为什么会过度使用，以期提出减少农药用量的政策建议。

第一节　问题的提出

我国农药用量呈逐步上升趋势（见图 5 - 1），2013 年中国的农药使用量超过 180 万吨。然而，农药的有效吸收率仅在 30% 左右（朱兆良等，2006），相当部分农药成为环境污染的来源。农药的过度使用带来五方面问题。第一，大多数农户在喷洒农药时没有任何防护措施，而农药往往在天气酷热时使用，很容易造成中毒事件。根据 WHO（2006）保守估计，在全世界范围内，农药每年造成 300 万次中毒，22 万人死亡，75 万人得慢性病。① 第二，农药残留对土

① WHO, 2006. Preventing disease through healthy environment: towards an estimate of the environmental burden of disease. Geneva, Switzerland: World Health Organization of the United Nations.

壤造成污染。例如，尽管中国在 1983 年就对有机氯农药实行禁用，
30 多年过去了，土壤中仍然检测到残留。[①] 第三，农药喷洒、喷药
器械的清洗等行为对水体、空气等环境介质造成污染，进而破坏生
态系统。第四，农药成分的持久性使其通过漂移造成跨境污染。第
五，农药包装废弃物的随意丢弃已经成为农村环境污染的突出
问题。

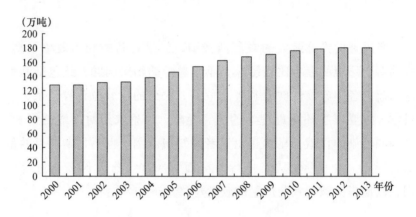

图 5 - 1　我国历年来农药用量

已有的文献对于农药的过度使用提出了多种解释，总体上可以
分为四类。一是个体和家庭因素的影响，例如 Damalas 和 Hashemi
(2010)[②] 发现年轻的种植者比年老的种植者更多关注农药的健康损
害，因此他们的施药频率往往更低。另外，大规模的经营者更加倾
向于选择环境友好的技术和管理方式（P. J. Cameron, 2007)。[③] 二

---

①　环境保护部、国土资源部：《全国土壤污染状况调查公报》，2014 年 4 月 17 日。

②　Damalas C. A., Hashemi S. M., 2010. Pesticide Risk Perception and use of Personal
Protective Equipment Among Young and old Cotton Growers in Northern Greece. Agrociencia44
(3)：363 - 371.

③　P. J. Cameron, 2007. Factors influencing the development of integrated pest management
(IPM) in selected vegetable crops：A review, New Zealand Journal of Crop and Horticultural Sci-
ence, 35：3, 365 - 384.

是市场因素，例如来自泰国的证据显示在价格更高的作物上，农药的使用也往往更多（Christian Grovermann，2012）。[1] 三是技术应用和推广因素，例如 Huang J. K.（2003）[2]发现中国在引入转基因棉花后农药用量、成本、打药次数都大大降低，Sun Bo（2012）等将中国过量的化学投入归因于农技推广服务的不足。[3] 四是制度因素。例如在贝宁，阻碍棉花种植领域使用环境友好型技术或管理措施的主要因素是部门间缺乏有效的沟通（C. E. Togbé et al.，2012）[4]。

　　然而，已有文献对于农药过度使用的解释，较少关注农药——有别于化肥、农膜等其他农资——的复杂性。一方面，针对不同的病虫害，农药的活性成分有几百种，且病虫害随着季节和气候而快速变化。即使同一个品牌同一种活性成分，农药配方也有不同浓度和形态。小农户很难知道使用哪种农药。这使他们高度依赖于外来的信息提供者，例如农药零售商、农技推广人员等。另一方面，用错或少用了农药将为病虫害的暴发创造机会，继而导致大量减产甚至绝收。因此，农户在农药施用方面往往采取更加谨慎的态度，倾向于使用更大量和更多种类的农药，以确保害虫被杀死。

　　基于农药的复杂性，加上农技服务的匮乏，农药零售商就成了

---

① Christian Grovermann, Pepijn Schreinemachers, Thomas Berger, 2012. Private and Social Levels of Pesticide Overuse in Rapidly Intensifying Upland Agriculture in Thailand. Selected Paper prepared for presentation at the International Association of Agricultural Economists (IAAE) Triennial Conference, Foz do Iguaçu, Brazil, 18 – 24 August.

② Huang J. K., Hu R. F., Carl Pray, Fangbin Qiao, Scott Rozelle, 2003. Biotechnology as an alternative to chemical pesticides: a case study of Bt cotton in China. Agricultural Economics 29: 55 – 67.

③ Bo Sun, et al., 2012. Agricultural Non – Point Source Pollution in China: Causes and Mitigation Measures. AMBIO, 41: 370 – 379.

④ C. E. Togbé, E. T. Zannou, S. D. Vodouhê, et al., 2012. Technical and institutional constraints of a cotton pest management strategy in Benin. NJAS – Wageningen Journal of Life Sciences, 60 – 63: 67 – 78.

农户打药信息的最重要来源（张蒙萌、李艳军，2014）①。因此农户从哪里买药，以及在买药时得到哪些信息对于他们的打药行为影响甚大。然而，正如张蒙萌、李艳军（2014）所揭示的，农户对于农资商的信任度并不高，但由于自身信息渠道有限，不得不陷入一种对农资商的"被动信任"。因此与信息同等重要的另一方面是农户对于所获得信息的信任程度。信任在农户将其所获得信息转化为施药行为的过程中起着桥梁的作用（Rhiannon Fisher，2013；Mills et al.，2011；Munasib and Jordan，2006）。②③④ 在中国，社会信任程度较低，信任很大程度建立在个人关系上（Fukuyama，1995）⑤，这在熟人社会的农村地区更为明显（费孝通，2008）。⑥ 农户的实际施药行为可以理解为：农户在其获得的打药信息基础上，根据其对信息来源的信任程度，做出的综合决策。

基于此，本书将通过回答以下几个问题，来解释农户的过度用药行为：（1）农户从哪里买药？他们从各自的零售商处获得了怎样的信息？（2）农户对零售商的信任程度如何？基于对零售商的信任程度，他们如何将信息转化为用药行为？通过回答这些问题，以期有针对性地提出有效减少农药使用的政策建议。

---

① 张蒙萌、李艳军：《农户"被动信任"农资零售商的缘由：社会网络嵌入视角的案例研究》，《中国农村观察》2014 年第 5 期。

② Rhiannon Fisher. 2013. A gentleman's handshake: The role of social capital and trust in transforming information into usable knowledge. Journal of Rural Studies 31：13 – 22.

③ Mills, J., Gibbon, D., Ingram, J., Reed, M., Short, C., Dwyer, J., 2011. Organising collective action for effective environmental management and social learning in Wales. Journal of Agricultural Education and Extension 17, 69 – 83.

④ Munasib, A. B. A., Jordan, J. L., 2006. Are Friendly Farmers Environmentally Friendly? Environmental Awareness as a Social Capital Outcome. Agricultural Economic Association Orlando, Florida.

⑤ Fukuyama, F., 1995. Trust: The Social Virtues and the Creation of Prosperity, The Free Press, New York, NY. p. 29.

⑥ 费孝通：《乡土中国》，人民出版社 2008 年版。

第二节 研究方法

一 数据获取办法

调查样本取自河北省曲周县。河北是中国棉花种植大省，2012年河北省棉花种植面积为867万亩，占全国总播种面积的12.3%。曲周位于河北省南部，棉花是曲周县的主要经济作物。据曲周县农业局估算，2012年棉花播种面积约占全县耕地面积的1/3。调研在2012年11月—2013年1月期间完成，共分为两部分：一是针对县、乡、村三级农资店店主的访谈，目标是揭示农户和农药零售商之间在信任和信息之间的关系。共访谈28家农资店，其中县城农资店2家；乡镇农资店10家，分布于4个乡镇；村农资店16家分布于以上4个乡镇的8个村。二是针对农户的问卷调查，主要收集农户棉花打药相关的具体信息，应用分层随机抽样法在8个村共收集有效问卷160份。抽样情况见表5-1。

表 5-1　　　　　　　　　　数据获取策略

层次	县	乡/镇	村	户
地点	曲周	10个乡镇中的4个	每个乡镇选取2个村	从选取的乡镇中随机抽取
经销商和农户抽样	县城的2个农资店	每个乡镇2—3个农资店	每个村2个农资店	每个村15—30个农户
有效样本数	2	10	16	160

受调查者均为在家务农的主要劳动力，平均年龄为48.2岁，其中最年轻的25岁，年龄最大的83岁。受教育程度普遍不高，其中文盲3%，小学16%，初中53%，高中28%，该结果与其他中国农

村研究样本相近（叶剑平等，2006；Elaine M. Liu，2013）。[①][②] 调研地区具有种植棉花的传统，受访农户平均具有超过 14 年的棉花种植经历。农业是家庭主要收入来源，平均占家庭总收入的 62.6%。棉花是主要作物，78.1% 的农户棉花种植面积小于 10 亩，所有受访农户平均种植面积为 7.93 亩，占家庭经营耕地面积的 66%。棉花种植面积中，通过土地流转的土地占 19.7%，这与全国的平均水平高度一致（2012 年全国平均土地流转水平约为 20%；陈锡文，2013）。[③] 样本主要指标统计见表 5 - 2。

表 5 - 2   **样本主要指标描述统计**

	样本数	最小值	最大值	平均值	标准差
家庭总人口	160	1	10	4.79	1.727
在家人口	160	1	6	2.72	1.161
总收入（元）	160	1000.00	230000.00	33490.00	23071.64
非农收入占比（%）	160	0.00	96.67	37.3666	26.95881
经营耕地面积（亩）	160	2.00	65.00	11.9850	7.73123
棉花面积（亩）	160	0.50	40.00	7.9388	6.62922
棉花地中租地比例（%）	160	0.00	100.00	19.6743	33.29804

综上，从个体及家庭特征、土地流转情况、棉花经营规模等指标来看，本书的样本具有较高的代表性。

二 定义农药用量

鉴于农药在活性成分、浓度、形态等方面的不同，简单地将各种农药用量加总的方法并不可取。在多数环境经济、农业经济或相

---

① 叶剑平等：《中国土地流转市场的调查研究：基于 2005 年 17 省的调查分析和建议》，《中国农村观察》2006 年第 4 期。

② Elaine M. Liu, Jikun Huang, 2013. Risk preferences and pesticide use by cotton farmers in China. Journal of Development Economics 103：202 - 215.

③ 陈锡文：《不否定家庭承包经营制度土地流转尊重农民主体地位》，新华网，http://news.xinhuanet.com/politics/2013 - 01/31/c_ 124307818.htm，2013 年。

关社会科学研究中，较常见的是用农药的花费作为物理用量的替代指标，有时也以打药频率或次数作为辅助指标。例如，Huang J. K. 等（2003）在比较不同区域（浙江和湖南）转基因和非转基因棉花的农药用量时主要使用农药费用这个指标，在同一地区（辛集）进行比较时用花费和物理用量两个指标。在其他研究中，所谓的过度使用也被定义为农药的使用数量超过经济的最高水平，此时，农药费用被用作反映农药用量的指标（Ada and Zulal，2006；Christian Grovermann，et al.，2012）。①

用购药费用作为农药用量的替代隐含的假设是：购药费用越多，消费的活性成分越多，对环境的损害越大。但这种假设越来越受到挑战，因为环境友好的农药往往价格更高、用量更大。要使该假设更加有说服力，需要满足两个前提条件：第一，从农药毒性角度而言，农户所用农药的活性成分相同或类似。因此，同一种作物，最好能够在同一个区域，作物面临的病虫害相同，农户可选择的经销商范围也差不多。第二，也是在已有的研究中经常被忽视的，价格差异应该加以考虑，不同零售商的销售价格可能不同。在本书中，为了尽可能满足以上两个前提条件，我们采取了以下策略：

（1）研究的作物只有棉花②，且调研选择在同一个县进行。以县为单位，既不会太小，使结论不可一般化，也不会太大，使农户面对的病虫害种类差异很大。

（2）调研时选择被提及最多的几种农药（啶虫脒、阿维菌素、甲维盐），针对同一种农药询问不同零售商的价格，最后获知价格差异的信息。根据调研结果，平均而言，获得最低价格的是从县级农资店购买农药的农户，获得最高价格的是从村级农资店购买农药

---

① Ada Wossink, Zulal S. Denaux, 2006. Environmental and cost efficiency of pesticide use in transgenic and conventional cotton production. Agricultural Systems 90, 312 – 328.

② 选择棉花的另一个重要原因是：作为中国最重要的经济作物之一，中国是世界上最大的棉花生产国家，棉花产量约占全球总量的25%。在中国，无论从施用强度还是总量来说，棉花都是农药使用最密集的作物之一（Huang J. K. et al. , 2003）。

的农户，二者的价格差异在10%。因此，如果下文中购药费用差别在10%以上，我们则认为农药用量有差异。

第三节　结果与解释

一　农药使用的总体状况

鉴于农药的复杂性，参照已有的研究（S. Dasgupta et al.，2007)[1]，本书将说明书的推荐剂量作为判断是否过量的基准。受调查的160个农户中，12.4%基本上按照说明书的推荐剂量使用农药，71.3%使用推荐剂量的2倍以内，16.3%使用推荐剂量的2倍以上。因此总体来说，与说明书推荐剂量相比，87.6%的受访农户过度使用农药。然而，只有13.2%的农户意识到自己过度使用了农药并认为可以削减一部分使用量，剩下79.2%则认为无论农药价格如何变化他们都必须使用这么多的农药，7.6%的农户甚至认为如果农药价格降低他们可能会使用更多。这充分体现了棉花种植对于农药的依赖性很强。在施药方式方面，大多数农户选择多种农药混合施用。88.4%的受访者一次混合3—4种农药，7.1%混合2种，4.5%每次仅施用一种农药。对于有效成分相同的农药，72.4%的农户选择使用高浓度农药，2.6%选择使用低浓度农药，而25%将视病虫害的严重程度决定，通常浓度越高对环境的负面影响越大，但是节约劳动力。

二　农药购销关系

综合本书的定性和定量调查，用图5-2来反映调研对象的农药购销关系。图中箭头的方向可理解为"从……购买"。以下分析中剔除了3个农户，其中1个农户从上门推销的小贩购买，另外两个

---

① S. Dasgupta, C. Meisne, M. Huq, 2007. A Pinch or a Pint? Evidence of Pesticide Overuse in Bangladesh. Journal of Agricultural Economics, Vol. 58, No. 1, pp. 91 – 114.

没有注明购买途径。剩余的 157 个农户，根据其购买农药的来源，分为 4 类：（1）从县农资店购买的农户（以下简称 F_c）共有 8 个，占 5.1%；（2）从乡/镇农资店购买的农户（以下简称 F_t）30 个，占 19.1%；（3）从村农资店购买的农户（以下简称 F_v）103 个，占 65.6%；（4）通过合作社从农技站统一购买的农户（以下简称 F_{coop}）16 个，占 10.2%。图 5-2 也揭示了农药经销商的购买渠道，越高层次的经销商越倾向于直接向厂家订货。县农资店和农技站均直接向厂家进货；60% 的乡/镇农资店直接向厂家订货，其余 40% 向县农资店进货；18.75% 的村级农资店向厂家订货，56.25% 向县农资店订货，25% 向乡/镇农资店进货。图 5-2 也清晰地揭示了合作社与非合作社农户在购买农药时的区别，所有合作社成员均通过其所在合作社向农技推广站购买农药，而非合作社成员则向农资店购买农药。

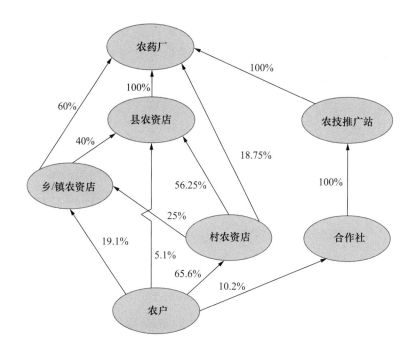

图 5-2 农药流通情况示意

三 信息传递和扭曲

调查中获得的数据证实农户很少从官方农技推广体系获得信息。在受访的 160 个农户中，135 个（85.4%）农户从来没有接受过这类服务，只有 26 个（15.6%）获得过农技推广服务，服务形式包括：公布病虫害情况（12，7.5%），与农技推广人员电话联系（4，2.5%），农技推广人员定期到访棉地（4，2.5%），参加农民学校（5，3.1%）。因此，对于大多数农户来说农药经销商是主要的信息来源。

作为最重要的信息传播渠道，不同的经销商有各自的信息渠道。农技推广站的农药经销商要比其他经销商更为专业。根据我们的访谈结果，县级经销商经常参加农业博览会，也更容易接触网络；10 位受访的乡镇经销商中有 6 位也参加农业博览会，有 5 位参加一些技术培训课；村级经销商其主要信息和知识来源是他们的上游供货者。

总体来说，经销商获得的信息的主要内容是相似的，大多数情况与说明书一致，尽管他们信息源和获取方式有很大差别。受访的经销商对于问题"不同的经销商传递信息的方式相同吗?"的答案是否定的。一般经销商和购买者的关系越近，传递的关于使用剂量的信息越失真，除非经销商和购买者都参加了合作社。

村级零售商往往会向农户夸大农药的使用量，以便在熟人社会中保持良好的关系和信任。有些会夸大每次打药使用的剂量，有些则会鼓励农户缩短打药间隔。下面一段话能够很好地说明为什么村里的零售商会夸大使用量。

> 我们祖辈都住在这个村，互相之间非常熟悉。在村里卖农药并不是"一锤子"买卖。所以第一，我不敢卖假药，否则他们会骂娘，我在全村面前都抬不起头。第二，我会告诉他们多用一些，一般是上游零售商告诉我用量的 1.5 倍。至于告诉他们多用的原因，并不是希望多卖点，

而是想要保证病虫害尽快被消灭。否则他们就不信任我了，会到其他商店去买。

（2013 年 1 月 16 日对曲周县刘庄某农资店店主的访谈笔录）

乡镇零售商的信息扭曲程度相对较小。在受访的 10 名乡镇经销商中，有 7 名会告诉农户按照说明书或者他们上游供货商提供的信息使用农药，有 3 名会根据自己的经验告诉农户使用比说明书上的剂量稍多一些的农药。

县级零售商则基本不会扭曲，他们通常会告诉农民按照说明书使用农药。

我们主要将农药卖给乡镇和村里的零售商。农户实际上并不是我们主要的销售对象和利润来源。当农民在我们这买农药时，我们会让他看看说明书。或者当他们问起时，我们会告诉他们说明书上写的信息。但是我知道他们一般都会在每次打药时多打一些或者缩短两次打药的间隔。

（2013 年 1 月 16 日对曲周县城某农资店店主的访谈笔录）

对于合作社来说，他们更清楚成员需要什么以及如何满足他们的需求（Zhang X.，2009）①，农户在信息传递的过程中是一个整体，比如合作社成员可以在他们购买农药的合作社直接从技术员那里获取一手信息。

四　信任作为从信息到用药行为的联结

农户的最终决策同时受其所获信息内容及其对该信息提供者的

① Xiaoyong Zhang, Corné Kempenaar, 2009. Agricultural Extension System in China. Working paper of Plant Research International, Wageningen University.

信任程度影响。本书首先让农户给不同人群的信任度打分，从 0—10 分表示完全不信任到完全信任。本章的结果给 Fukuyama（1995）关于"中国是一个以家庭和血缘关系为基础的低信任社会"的论断增加了证据，如图 5-3 所示，农户对家庭成员的信任最高，对陌生人的信任度极低。调查结果还显示：尽管农技推广服务严重不足，但是农户对农技推广人员的信任度依然很高（平均为 8.18 分），这一定程度上表明了农户对农技推广服务的强烈需求。我们进一步分析了那些容易获得农技服务的人群，例如合作社成员，他们对于农技人员的信任度更高，平均为 9.81 分，这表明他们对所获得农技服务的认可。然而，农户对于农药零售商的信任却较低，平均为 6.37 分，排在倒数第三位，这进一步为农户对农资经销商的"被动信任"（张蒙萌、李艳军，2014）提供了证据。

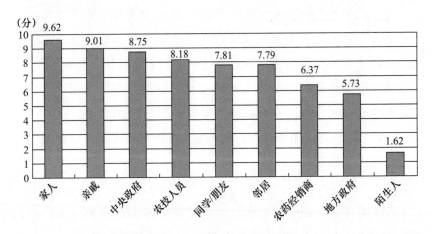

图 5-3　农户对不同人群的信任度打分

根据农户购买农药的渠道，调查其对经销商的信任程度，也显示出较大差异。从图 5-4 可以看出，合作社对经销商的信任最高，为 8.0 分，其余依次为村农资店 6.28 分、乡农资店 6.04 分、县农资店 5.88 分。配对样本 t 检验表明，合作社和非合作社农户对经销商的信任有显著差异（p 值为 0.0022）。

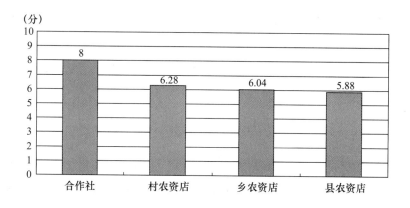

图 5 - 4　农户对其购买农药的零售商的信任程度

　　通过农户的最终决策可以透视信任是如何在将信息转化为行为过程中发挥作用的。调研设置问题"您主要依据什么确定农药的用量",根据农户回答得到表 5 - 3。从表 5 - 3 可以看出,农户回答的结果与其对经销商的信任情况是一致的,信任度越低,农户则越倾向于根据自己的判断决定农药用量。

表 5 - 3　　　　　　　　　　农药用量的决策依据

	依据什么决定您家棉花的农药用量?					费用	施药
	自己的判断	说明书	经销商	技术员	邻居	(元/亩)	(次数)
F_{coop}	0	9（56.3%）	等同于技术员	7（43.7%）	0	56.7	8.6
F_v	54（52.4%）	34（33%）	12（11.7%）	0	3（2.9%）	85.6	16
F_t	20（66.7%）	7（23.3%）	1（3.3%）	0	2（6.7%）	68.5	16.4
F_c	7（87.5%）	0	0	1（12.5%）	0	95.6	16.3

　　注: 对于 F_{coop},因为他们从农技推广站购买农药,经销商实际上本身就是农技推广员。

　　如表 5 - 3 所示,任何两种类型农户的成本差异都在 10% 以上,这意味着购药费用的相对大小能够反映农药使用量。也就是说,F_{coop} 的使用量最少,而从县里的农药店购买农药的农户使用量最大。

F_t 的使用量仅多于 F_{coop}，F_v 的使用量第三少。F_{coop} 在成本和打药次数两方面都体现出了优势。

我们也可以通过根据说明书和根据零售商提供的信息施药的农户的成本差异来检验信息失真程度。由于只有 1 个 F_t 是基于经销商的信息而作决策，没有 F_c 基于经销商的信息而作决策，因此只能利用 F_{coop} 和 F_v 的信息来做这个检验。如表 5-4 所示，在 F_{coop} 中，基于说明书和基于经销商的农户在购药费用上没有显著差异。但是在 F_v 中，t 检验显示基于经销商决策的农户的购药费用显著高于基于说明书决策的农户（p 值为 0.0155）。这进一步证明了村级经销商扭曲了农药用量信息。此外，在那些根据说明书施药的农户中，F_v 的成本高于 F_{coop}，这表明尽管二者决策的信息基础相同，但是他们对于该信息的遵守程度是不同的。

表 5-4　　　　　　　不同决策基础农户的购药费用比较

	购药费用 （元/亩）	说明书 （元/亩）	经销商 （元/亩）	t 检验 p 值
F_{coop}	56.7	54.3	59.3	0.4208
F_v	85.6	73.8	101.7	0.0155

第四节　本章小结

本章从信息和信任两个方面揭示了农户和农药经销商之间的互动，并进一步阐释农药被过度使用的原因。本章部分结论和已有的研究是一致的，例如大部分农户在过度使用农药，他们很少得到农技服务。尽管许多研究将中国的农技推广体系归纳为"网破、线断、人散"，然而，本书的调研结果显示农户仍然对农技人员寄予厚望，并且从农技站购买农药的农户的农药用量确实低于其他农户。

从不同途径购买农药的农户获得信息的内容和方式都不一样。合作社农户能够直接获得较为准确的信息，对非合作社农户而言，经销商与他们越熟悉，信息失真的程度越大。而农户对于信息的处理又取决于他们对信息来源的信任，信任程度越高，农户越严格遵守经销商的建议。信息最准确、信任度最高时农户的农药用量最少。信息失真或低信任都将导致农药的过度使用。在本书的样本中，合作社在信息和信任两个方面都显示出优势，合作社农户的农药用量最少。

研究的不足也是明显的。第一，研究只关注了小农户。尽管小农户仍然是中国农业经营的主力，但是越来越多的新型经营主体涌现，且呈现专业化，因此他们的用药行为可能与小农户有所不同。第二，本书的有效样本数量仍然较少，例如只有 8 个农户从县农资店购买农药，合作社农户也存在类似问题。第三，本书将说明书推荐用量作为判断是否过量的依据，但是并没有检验说明书推荐剂量的科学性和有效性。第四，本书没有讨论信任和信息二者之间的内在关系，但是通过定性分析，可以初步归纳出一条倒"U"形曲线，如图 5-5 所示，这可以成为未来定量检验的一个方向。

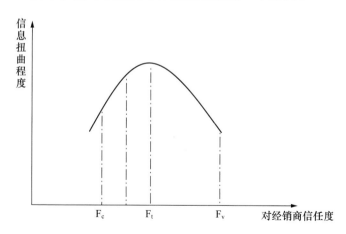

图 5-5　信任与信息扭曲的可能关系

　　本章也试图对减少农药使用给出一些政策建议。第一，农技推广力量需要进一步、全方位加强。例如，招募更多的年轻专业人员进入农技推广队伍、对现有农技人员的知识进行定期更新、增加相应的设备配置等。另外，可以结合大学生村官项目，对农学、植保等农业生产密切相关的专业毕业生给予重点考虑。第二，农民专业合作社可能是减少农药使用的办法之一，因此应当加强对合作社的支持。例如强化合作社与农技推广系统的对接，使合作社成为环境友好型农业技术推广、应用和示范的一个平台。第三，目前村级农资店在一定程度上起到了技术指导的功能。因此有必要给村农资店经营者提供相关的培训，使他们在信息传递中更加有自信，以减少信息的失真。

第六章　农户畜禽粪便资源化利用行为研究

第一节　我国畜禽养殖及其污染总体状况

伴随我国畜牧业生产方式转变和农村劳动力转移，在国家政策推动和市场拉动下，我国畜禽养殖业规模化程度不断提高，对满足国内居民消费需求和提高人民生活水平发挥了积极作用。但与此同时，由于规模养殖废弃物产生数量大、排放集中，已经成为我国农业面源污染源之首，我国畜禽养殖产业发展与环境保护的矛盾越来越突出。国家"十二五"节能减排规划将畜禽养殖污染治理作为农业污染减排的工作重点并纳入约束性考核指标，畜禽养殖污染防治成为摆在我们面前迫切需要解决的问题。当前，我国畜禽规模化养殖发展迅速，多数养殖场环境保护配套措施严重不足，相应的管理政策也是刚刚起步，导致畜禽污染排放巨大。

（一）畜禽规模化养殖发展迅速

近些年来，我国畜禽养殖总量不断增加，规模化程度也不断提高。2011 年，全国猪、牛、羊和家禽的全年出栏量分别为 6.7 亿头、4670.7 万头、2.7 亿只和 113.3 亿只，年出栏 500 头以上生猪的规模比重为 36.6%，同比提高 2.1 个百分点；存栏 500 只蛋鸡以上的规模比重为 80.0%，同比提高了 1.2 个百分点；年出栏 2000只肉鸡以上的规模比重为 86.1%，同比提高了 0.4 个百分点；存栏100 头以上奶牛的规模比重为 32.9%，同比提高了 2.3 个百分点；

年出栏 10 头以上肉牛的规模比重为 42.9%，同比提高了 1.2 个百分点；年出栏 30 只以上肉羊的规模比重为 51.1%，同比提高了 2.3 个百分点。

（二）畜禽养殖污染防治严重滞后

我国畜禽养殖污染防治仍处于起步阶段，相关的法律法规、标准体系、技术、政策及机制尚不完善，污染治理覆盖面小，治理水平低。目前，我国畜禽养殖污染防治相较于规模化生产发展严重滞后，对养殖废弃物处理方式主要是利用沼气池进行厌氧发酵处理，而我国沼气工程尤其是大中型沼气工程覆盖率非常低，绝大部分规模养殖场并未配套基本的环保处理设施和粪污消纳用地。2011 年，全国拥有大中型沼气工程 1.37 万处，仅占全国规模养殖场的 15%。以生猪生产大省湖南为例，全省年出栏生猪 3000 头以上的大型养殖场有 1525 处，万头以上猪场 261 处，现仅有大型沼气工程 242 处，覆盖比例不到 14%。未来一段时间，随着规模养殖场数量继续增加，产业发展与环境保护的矛盾将更加尖锐，畜禽养殖污染防治将成为摆在我们面前迫切需要解决的问题。

（三）畜禽污染防治政策刚刚起步

我国畜禽养殖污染防治遵循发展循环经济、低碳经济、生态农业与资源化综合利用的总体发展战略，通过不断探索适合不同地域特点、养殖规模和养殖形式的技术处理模式，在综合利用优先的基础上对废弃物进行资源化、无害化和减量化处理，促进畜禽养殖业形成有利于环境保护的可持续生产方式。国家通过不断完善法律法规标准、加大政策扶持、开展专项整治来促进生猪养殖污染防治工作的推进。颁布了《畜禽养殖污染防治管理办法》、《畜禽场环境质量标准》、《畜禽养殖业污染物排放标准》和《畜禽养殖业污染防治技术规范》等一系列专门针对畜禽污染防治的规章和标准。2012 年开展生猪污染整治专项活动，启动生猪清洁养殖示范项目，在全国重点支持四川、河南、湖南三个省开展试点。2013 年，国家出台《全国畜禽养殖污染防治"十二五"规划》，对未来养殖污染防治的目标、重点、措施等方面作了详细规定。2014 年《畜禽规模养殖污染防治条例》正式发布，这是我国首个专门针对农业污染的行政法规，其对象锁定畜禽养殖，显示了解决该类污染问题的重要性。

（四）畜禽养殖污染排放巨大

据污染源普查动态更新数据，2010 年，畜禽养殖的化学需氧量和氨氮排放量分别达 1148 万吨和 65 万吨，占全国排放总量比例分别为 45% 和 25%，分别占农业源排放量的 95% 和 79%。规模养殖由于排放集中，对环境造成的压力更大。据测算，一个年出栏生猪万头的规模养殖场，每年约产生 2500 吨固体粪便和 5400 立方米尿液，折合化学需氧量约 695 吨、总氮 65 吨、总磷 10 吨。全国以生猪出栏 500 头以上、奶牛存栏 100 头以上、蛋鸡存栏 5 万只以上、肉鸡年出栏 5 万只以上、肉牛年出栏 50 头以上的规模养殖场污染产生情况计算，2011 年规模化畜禽养殖场年产生 2.84 亿吨固体粪便和 2.27 亿立方米尿液，折合化学需氧量 6045 万吨、总氮 369 万吨、总磷 62.1 万吨。

畜禽粪尿富含作物所需养分，是农业种植不可多得的肥料，过去在物资短缺的时候，要获得粪肥，甚至须凭"粪票"购买，化肥大量引入后，粪肥成了名副其实的放错地方的资源，造成畜禽粪便污染的原因主要是有效利用不够。目前，全国各地积极探索，形成了各种针对不同地域特点、养殖规模和养殖形式的畜禽养殖污染防治模式。本章将选取两个比较有代表性的省份进行案例研究，一个是经济水平发达、环境治理要求高的浙江省；另一个是经济水平较为普通、生猪养殖量大的湖南省。

第二节 浙江省畜禽粪便资源化利用模式研究

浙江省是我国目前唯一的"现代生态循环农业试点省"，其农业环境治理走在全国的前列。浙江省将"五水共治"（治污水、防

洪水、排涝水、保供水、抓节水）作为该省大规模治水的行动总
纲，生猪养殖污染治理是"五水共治"的重要内容。围绕生猪养殖
带来的污染问题，浙江省采取疏堵结合的策略，例如在嘉兴等一些
污染影响比较大的地方，采取了限养、搬迁甚至关停的强力手段，
同时也采取了一系列促进资源化利用的手段。本书以浙江省德清县
梅林村为例，旨在了解农村地区畜禽粪便沼气利用的现状和产生的
社会影响，分析当前畜禽粪便沼气利用存在的问题，并有针对性地
为沼气相关政策和实施措施的制定和改进提供建议。之所以选择沼
气利用模式，是因为该模式在全国具有一定的普遍性，并曾在一定
时间内得到国家的大力推广，这也使得案例调研具有一定的代
表性。

一　研究区域概况

梅林村地处浙江省德清县新市镇西郊，东邻新市镇，南接京杭
大运河。全村地域面积4.3平方千米，总人口2797人，其中劳动力
1973人。梅林村农户居住比较分散，多为小部分农户集中成一片，
与其他部分相隔较远。80%以上农户的房屋沿河浜而建，大部分距
离河浜50米以内。畜禽养殖是梅林村的特色产业，也是农户的主要
经济收入来源之一。741户农户中，畜禽养殖户共计115户，其中
生猪养殖户91户，占79%。

梅林村养殖户均有冲洗圈舍的习惯，其粪便的处理方式大致如
下：先将粪便清扫入化粪池，然后用水冲洗，也汇入化粪池，甚至
直接用水冲洗粪便混合进入化粪池。当地养殖户猪圈旁边建设的化
粪池均为露天形式，主要有坑式和沟渠式两种。前者为砖和水泥结
构，后者则为环绕圈舍的普通浅沟，两者均无防渗措施。一般粪便
和冲洗水由猪圈排污口直接进入化粪池，部分化粪池离猪圈稍远，
通过明渠或封闭管道输送进入。从2004年开始，梅林村生猪养殖户
陆续建造沼气池，沼气池一般建于化粪池旁，一户一池，制沼气原
料有的通过管道流入沼气池，有的则为人工投加。

二　研究方法

本书利用文献查阅、问卷调查和访谈等方法，以梅林村的农户为主要对象进行调查研究，调研时间为 2012 年 6 月。本书所用问卷共 24 个问题，主要内容包括被调查者基本情况、农户沼气利用现状以及被调查者对沼气利用的看法与展望。采用随机面访的形式对村民进行问卷调查，问卷填写后，即时收回。共计发放 100 份调查问卷，由于得到了当地村委会的支持和帮助，问卷回收率和有效率都达到了 100%。为便于调查结果的分析，本书将被调查的农户进行如下定义：

（1）非养殖户：不进行养殖或生猪养殖规模在 30 头以下的农户；

（2）沼气养殖户：养殖规模在 30 头以上并使用沼气的农户；

（3）非沼气养殖户：养殖规模在 30 头以上但不使用沼气的农户。

此外，调查人员在问卷调查的基础上，选取 9 户较有代表性的养殖户进行了深入访谈，进一步了解畜禽养殖户对畜禽粪便沼气利用的看法和建议。

三　调查结果分析与讨论

1. 沼气池建设情况

问卷调查结果显示，被调查农户中将近一半为非养殖户，而在生猪养殖规模超过 30 头的被调查农户中，已经建造沼气池和未建沼气池的数量基本相当（见图 6 - 1）。通过进一步了解发现，已建沼气池的多为养殖规模超过 200 头的大型养殖户。这主要是由于当地政府采取的相关优惠政策，受惠的养殖户的养殖规模都是属于较大型的养殖户，而对于小规模的养殖户，政府基本不予优惠普及。

对于建造沼气池的养殖户的筛选标准，除了养殖规模要达到之外，梅林村委会还提出了以下两条标准：一是要有一定的经济承受能力，二是要具备学习应用科技的能力。一旦符合标准，村委会利用国债项目和当地配套资金，在一期建造时会予以全额的投资，即

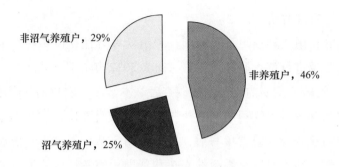

图 6 - 1　被调查农户基本情况

建造沼气池等设备时，养殖户并无任何支出。但在后期保养设备时，养殖户需自行付费。

2. 沼气利用途径

梅林村被调查农户日常生产和生活使用的能源主要包括液化石油气、电能、太阳能和沼气，部分用户在冬季使用煤炭对猪圈加温。表 6 - 1 是该村的能源普及情况，从表 6 - 1 可以看出，沼气用户的液化石油气使用远低于非沼气用户。尽管液化石油气作为一种新型燃料，用来代替农村传统方式的秸秆燃烧，更加清洁环保。然而，我国广大农村地区尚未普及管道燃气，液化石油气以钢瓶灌装为主，这导致燃料的运输极为不便。另外，液化石油气属于易爆和具麻醉性物质，其使用存在安全隐患，对水体、土壤和大气也可造成污染。此外，液化石油气是原油加工的副产品，属于不可再生能源。相比之下，沼气在上述方面都要优于液化石油气。因此，通过普及沼气利用来减少农村地区液化石油气的使用，对于发展低碳经济，改善农村能源结构，提高农村生活质量都有积极的意义。

表 6 - 1　　　　　　　　　各类能源普及率

能源普及率	液化石油气	沼气	电能	太阳能	煤炭
非养殖户	87%	0%	100%	83%	0%
沼气养殖户	32%	100%	100%	84%	60%
非沼气养殖户	86%	0%	100%	83%	55%

3. 沼气利用的环境影响

为了评价当地居民对沼气利用带来的环境影响的直观感受，调查问卷设计了农户对家庭卫生状况的满意度调查（见表6-2）。通过对比分析发现，非养殖户对自己家庭卫生状况的满意程度明显高于养殖户（无论是否建设沼气池），这说明养殖业对家庭卫生的影响较大，养殖是家庭卫生状况恶化的主要因素。与此同时，在养殖户中，沼气用户对家庭卫生状况的满意度高于非沼气用户，特别是沼气用户中无人"很不满意"而非沼气用户中"很不满意"的占1/4。据此可以推测，养殖户通过使用沼气可以有效改善家庭卫生状况，提高日常生活满意度。

表6-2　　　　　　　　　农户家庭卫生状况满意度

	很满意	满意	一般	不满意	很不满意
非养殖户	35%	41%	24%	0	0
沼气养殖户	0	36%	40%	24%	0
非沼气养殖户	0	17%	35%	24%	24%

4. 沼气利用存在的问题

尽管畜禽粪便的沼气利用在改善农村环境质量、提高农民生活水平和推进低碳经济建设方面均具有积极的作用，但是通过调查我们也发现，在像梅林村这样典型的农村地区，沼气利用还存在如下的问题：

（1）空气污染。目前，养殖户主要采用一户一池的沼气建设模式，便于建设和管理。但一户一池的沼气工程密闭性较差，容易造成乡村生活社区的空气污染。

（2）占用土地资源。现在大部分农户的宅地有限，而一户一池要求每户尽量邻近炊事设施即厨房挖坑池，占用宝贵的宅地，这往往是农民最不情愿的事情。

（3）引发邻里矛盾。沼气池建设期间，后家挖坑，前家墙动，左邻动土，右邻放水，容易引发邻里矛盾甚至冲突事件，不利于和谐社会的建设。

（4）难以管护。由于当前实行一家一户各自建池生产沼气，出料进料等管理维护工作大部分地区都要依靠人工来完成操作，人工操作劳动强度很大，技巧要求很高。而管护不善就可能诱发居民沼气中毒等不安全因素，或者不按规定在进出料口上封口盖板，对儿童家畜等都构成了潜在的危险。

（5）用气难调。一旦用户安装了某种型号的沼气池，在产量一定的情况下，不可随意调整气量。家里人少的时候够用，人多时就不够用。若加设储气设备，则建造费用将显著提高，也要多占用土地。

（6）产气率低。沼气生产需要一定的温度，而我国大部分地区深秋至初春窖室温度不足，导致产气少或根本不产气，这是造成很多地区弃池废池的主要原因。在低温季节较长的地区，一年中有将近一半的时间沼气池不能用，养殖户不得不重新使用液化石油气等其他能源，造成巨大的浪费。

上述问题如不能得到妥善的解决，畜禽粪便的沼气利用很难得到推广，甚至可能重蹈我国在20世纪六七十年代沼气利用热潮昙花一现的覆辙。梅林村的养殖户沼气推广率不到50%，但是近两年沼气池建设发展的速度明显放缓，就能很好地说明问题。

四　调研启示

在调查现状、发现问题的基础上，为了进一步推进我国农村地区畜禽粪便沼气利用的普及，我们借鉴国内外的先进经验，有针对性地从政策、管理、技术等方面提出如下对策建议：

（1）提高补贴政策惠及面。目前，国债项目等政府补贴政策的优惠对象主要是大规模畜类养殖户。近年来，我国农村地区禽类集中养殖业飞速发展。禽类粪便同样适合于沼气利用，但是，如果缺乏政策扶持，其操作难度会大于畜类养殖业。而对于小规模养殖户，可采取灵活的政策措施，比如对集体建设的沼气池进行补贴，集中处理分散的小规模养殖户产生的畜禽粪便。

（2）提高农民环保意识。由于我国大部分农村地区居民的文化程度不高，一方面，只看到畜禽粪便对土地以及农作物生长有利，会使土地变得更加肥沃，对庄稼和蔬菜的生长有益，无法认识到畜禽养殖与当地环境污染之间的联系；另一方面，不了解沼气利用的环境和社会意义，不愿为了使用沼气而多支付费用。针对这种情况，我们建议加大农村地区环保宣传力度，让广大农村居民进一步认识到畜禽粪便中的重金属、细菌、病菌和有机污染物可能造成严重的水体和土壤污染，同时充分了解沼气利用技术的优点和发展动态，提升对沼气利用技术的信心和接受度，主动应用和推广沼气利用技术。

（3）加强沼气工程选址和建设管理。通过科学的指导，确保沼气池选址尽可能依据当地的地理地形、气象等资料科学设定，加上配套保障设备，避免造成地下水及空气的污染。强化沼气池建设质量控制，规范沼气池建设工程和建设人员，减少"次品"沼气池导致的频频维修和使用功能下降问题。

（4）推广沼气利用新技术。推广太阳能恒温窖室技术，提高沼气池产气率、产气量和产气稳定性。拓宽沼气利用途径，使沼气不仅可以用于炊事、照明、取暖，在一些畜禽养殖业规模较大，沼气富余的地区可以使用沼气驱动农机或者发电，远期可以尝试沼气液化技术。

通过本次调查研究我们得出结论，沼气利用可以有效解决农村禽畜粪便污染问题，提高禽畜粪便资源化利用程度，改善农村地区环境质量。但是，当前我国农村地区畜禽粪便沼气利用技术的发展还存在一定的问题，需要加强政策扶持和激励，加强对环境意识、沼气知识的宣传、教育和普及工作，强化工程建设管理和质量控制，同时不断推进沼气利用新技术的开发和推广，将畜禽粪便沼气利用这一变废为宝的大工程进行到底。

第三节　湖南省畜禽粪污综合利用模式研究

　　湖南省是我国生猪生产和调出大省，近年来，该省以减量化、无害化和资源化为原则，以发展循环经济为主要手段，推动生猪养殖清洁生产和污染防治。在政策扶持上，湖南省采取了一系列措施，一是增加投入，将生猪生产扶持项目资金一定比例用于污染防治，同时以奖代补，调动养殖主体污染防治积极性；二是合理规划，设立生猪养殖禁养、限养和适养区，有序推进非适养区域的规模养殖场退出；三是不断完善生猪养殖相关法律法规标准，出台《湖南省畜禽养殖管理办法》，规范新建猪场环境审批机制；四是针对不同养殖规模和养殖形式，因地制宜推广相应的污染防治技术和运行模式；五是把握重点，自 2008 年起对存栏生猪 1000 头、年出栏 3000 头以上的养猪场（户）和年出栏生猪 10 万头以上的乡镇开展污染治理工作。2013 年 4 月，课题组赴湖南省双峰县和长沙县进行了案例调研。

一　庭院养殖粪尿循环模式

　　调研地区以家庭为基础的庭院式小规模养殖较为普遍，一般年出栏生猪规模在 50 头以内，畜禽粪尿主要通过户用沼气、种养结合在家庭内部实现循环（见图 6 - 2）。该模式应用于家庭养殖户，拥有一定承包土地能够消纳沼渣沼液，通过建设 8—10 立方米的户用沼气池对粪尿进行处理，所产沼渣还田做肥，沼液可施肥或直接进入排灌渠，所产沼气用作家庭的炊事用能。据调查测算，存栏生猪 6 头以上，所产粪尿能够满足沼气池用料需求。

　　该模式基建资金投入约 1 万元，其中户用沼气池基建投资约 5000 元，配套"一池三改"（改圈、改厨、改厕）近 5000 元。目前，湖南省建设户用沼气可获国家地方各级财政补贴共计 1733 元，其余由养殖户承担。户用沼气建设具有重要的经济效益，年产沼气

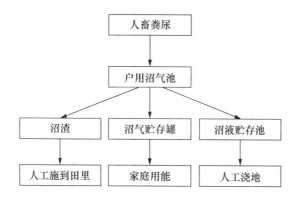

图 6-2　庭院式生猪养殖粪尿循环模式

约 450 立方米，为家庭提供优质生活能源，沼渣、沼液可用于种植肥料和养殖，节约成本，同时具有巨大的生态效益，能够有效降低污染排放。

二　中等规模生猪养殖场污染防治模式

存栏 300—1000 头的规模生猪养殖场，污染防治的主要做法是根据养殖场粪污排放处理量的大小，灵活对"三改两分"、沼气池厌氧发酵、人工湿地处理、微生物发酵床养殖等技术进行组合，对产生的粪污实施处理。"三改两分"属于减排技术，"三改"指改水冲清粪为干清粪、改无限用水为控制用水、改明沟排污为暗道排污的，"两分"指固液、雨污两分离，通过该生产工艺能够大量减少养殖过程的污水产生量。实施"三改两分"后，废弃物中的固体粪便主要通过堆肥系统进行无害化处理，随后可生产有机肥、直接还田料或水产养殖；液体粪尿水通过沼气厌氧发酵池处理，所排沼液进入人工湿地系统，通过人工湿地中的植物、微生物进行净化再处理。

微生物发酵床养殖技术是近些年来出现的环保养殖技术，微生物发酵床畜舍地面采用锯末、谷壳、米糠和农作物秸秆等垫料物质填铺，按适当比例加入微生物制剂，形成发酵床并保持适当的湿度以利于菌剂生长。养殖过程中，发酵床垫料物质能够吸收动物粪尿，有益微生物菌剂能够将粪尿中的有机物进行降解和转化。发酵床3年左右进行一次彻底清理，清理出来的垫料与粪尿混合物可用于生产有机肥或直接用作肥料。该技术能够极大养殖污水排放，甚至实现"零排放"；该技术劣势是人工成本高，垫料原料价格近些年来上涨迅速。采用微生物发酵床技术进行生猪养殖，面积800平方米的单栋发酵床（存栏架仔猪600头）基建投资约56万元，运营费用每年约10万元。该技术不仅有效解决了养殖带来的环境问题，同时具有良好的经济效益，体现在：一是由于改善猪舍饲养环境，能够减少疫病，提高成活率约5个百分点；二是加快生猪生长发育，出栏周期缩短至4个月；三是由于猪活动量较大，能够提高猪肉品质；四是能够节约用水，降低成本。

三 大型生猪养殖场污染防治模式

存栏生猪1000头以上的大型养殖场，污染防治以发展猪—沼—果（林）、猪—沼—鱼、猪—垫料—蔬菜的种养结合或配套发展有机肥加工的循环经济模式为主。地方政府鼓励支持规模养殖场进山入林，充分利用农田、林地、果园、菜地对粪污进行消纳吸收，充分利用沼渣沼液发展生产，走生产发展、生态文明的发展之路。

大型规模养殖场由于产生的粪污量大、污水处理需求大，废弃物处理主要方式是在建设"三改两分"、大型沼气池基础上，专门建设污水处理站对沼气池排放污水进行处理，随后进入人工湿地系统进行处理，最后达标排放或进行灌溉。此种模式环保设施资金投入大，600立方米大型沼气发电设施基建投入约300万元，日处理能力100吨污水处理站基建投入约120万元。

四 废弃物综合利用市场运营模式

随着近些年来生猪养殖散户退出、规模化程度不断提高，出现了"两短缺一过剩"现象，即退出生猪养殖农户沼气发酵原料短缺，果蔬产业园有机肥料短缺，规模养殖场沼渣过剩。为解决"两短缺一过剩"现象，长沙县春华镇积极探索出废弃物综合利用市场运营模式。运营方式是沼气技术服务网点充分利用其连接养殖户的桥梁作用，发挥市场作用，由服务网点与缺原料沼气用户和大型果蔬产业园签订有偿供料、供肥合同，将规模养殖场多余的粪便送到缺少发酵原料的农户家中，将农户沼气池生产的沼肥送到果蔬产业园，既增加了网点收入，又把沼气日常维护和供料紧密结合，网点、农户、果蔬场各有所得，实现了互利多赢。

五　存在问题

1. 畜禽养殖污染防治资金投入存在缺口

畜禽养殖环保设施建设资金投入大，据调查，建设 10 立方米户用沼气配套"一池三改"资金投入约 1 万元，600 立方米大型沼气发电设施资金投入约 300 万元，日处理 100 吨污水处理站资金投入约 120 万元，800 平方米生猪养殖微生物发酵床（存栏架仔猪约600 头）资金投入约 56 万元。目前，国家对畜禽养殖污染防治的财政投入少，专项投入更少。以生猪出栏量和存栏量居全国第 2 位的湖南省为例，目前生猪养殖污染防治的主要资金来源于农村沼气工程项目、生猪生产的扶持项目（生猪标准化规模场建设项目、生猪调出大县奖励）以及现代农业发展资金等项目中抽出一定比例，据不完全统计，湖南省该比例约为 10%，资金量非常少。该领域的唯一专项投入是 2012 年国家启动的生猪清洁养殖示范项目，对浏阳、湘潭、双峰、岳阳、衡南、攸县、桃源 7 个项目县中央每年投入340 万元，与巨大的资金需求相比是非常少的。

2. 养殖主体污染治理积极性不高，尚未形成良性发展机制

目前，畜禽养殖污染防治主要靠政府选取典型推动，养殖主体自主进行污染防治的积极性不高，未形成良性发展机制。养殖主体不愿进行污染防治的主要原因有，一方面，环保设施建设运营资金投入大，主要由养殖主体承担，受目前我国农村金融发展水平滞后及农村经营体制机制的制约，养殖主体很难获得贷款。另一方面，当前的生猪市场价格形成机制不利于推动养殖主体投资环保设施，目前的生猪市场价格并未反映环境处理成本，据调研，实施污染防治约增加生猪养殖成本每斤 0.7 元，生猪价格盈亏平衡点在每斤

7.5 元左右，未进行污染防治的养殖户生猪价格盈亏平衡点为每斤约 7.0 元，同时，剧烈波动的市场价格对规模养殖场生存发展造成了巨大压力，其在生存受到威胁情况下进行污染防治的动力可想而知。此外，相关市场发育滞后制约了清洁生产技术经济利益的转化，例如，有机肥市场发育滞后不利于沼渣等废弃物的综合利用，分布式并网工程建设滞后不利于沼气发电工程多余电上网实现经济价值。在多种因素影响下，养殖主体投资环保设施无利可图，从而积极性不高。

3. 制度体系建设滞后，污染排放监管难度大

目前，畜禽养殖污染防治相关法律法规标准体系尚不完善，主要体现在：一是缺少国家层面的专门针对畜禽养殖污染防治的法律法规，仅环保总局在 2001 年出台了《畜禽养殖污染防治管理办法》部门规章；二是畜禽养殖污染排放标准有待完善，国家出台的《畜禽养殖业污染物排放标准》适用范围是集约化规模养殖场，仅针对存栏生猪 500 头以上、蛋鸡 1.5 万只以上、肉鸡 3 万只以上、成年奶牛 100 头以上和肉牛 400 头以上设置排放标准，对此规模以下的养殖场和畜禽散养户污染物排放缺乏标准；三是污染防治配套扶持政策缺乏，促进种养结合、生态养殖、有机肥生产使用等废弃物综合利用的土地、金融、税收、补贴政策缺乏。

养殖污染排放的监管难度大，尚未形成各部门相互协作的良性工作机制。以湖南生猪养殖为例，目前环保部门仅对存栏 300 头以上的具有独立法人资质的养殖主体进行监管，对农户家庭养殖以及近些年来不断涌现的养殖合作社监管难度大。此外，对新建规模养殖场监管执行存在困难，新建规模养殖场按规定需要进行环境评价，但由于费用过高，绝大部分养殖主体选择规避环评，而不通过环评则无法得到污染防治的相关补贴。

4. 技术研发、推广和服务体系亟待加强

目前采用的沼气池厌氧发酵、微生物发酵床等技术和工艺存在运行成本过高、工艺不够成熟等方面的缺点，尚未形成能够推广的

技术标准，需要进一步探索成本效益高、操作简单、适应各地实际的新技术、新方法。

同时，畜禽养殖污染防治技术服务体系受体制机制、资金缺乏等因素影响建设滞后。目前，国家对沼气服务网点建设仅支持服务网点的器材设备，不提供运行经费，服务人员也无任何补贴，网点技术服务人员离岗现象普遍，目前，湖南省户用沼气运行3—5年就需要维修，农户沼气池出问题后得不到及时维修更加影响其建池的积极性。

5. 中小规模畜禽养殖场环境污染问题急需重视

目前，农村中小规模畜禽家庭养殖户主要依靠沼气池厌氧发酵对粪污进行处理，所排沼液大部分直接进入排灌渠，沼渣施肥还田比例不高，环境污染问题严重。原因主要有：一是农村中小规模养殖户所产粪便普遍超过其污染设施处理能力，以生猪养殖为例，据测算8—10立方米户用沼气池发酵用料以存栏10头左右生猪粪尿为宜，而目前家庭生猪养殖以年出栏50头以上的规模养猪户为主体；二是农户承包田有限，无法消纳全部粪尿，据测算，每亩耕地可消纳约3头生猪粪尿，调研农户拥有承包地在2亩左右，远远不足；三是农田与生活区存在一定距离，有机肥运输耗费人力，由于农村劳动力日益紧缺，农户使用有机肥积极性不高。

第四节　本章小结和政策启示

未来，随着畜禽产品需求量不断增加，畜禽养殖业规模化集约化程度不断提高，生产发展与环境保护的矛盾越发突出，畜禽养殖业污染防治势在必行，必须探索在保障我国畜产品供给基础上，推动畜禽养殖业朝着有利于环境保护的方向发展，实现可持续、健康发展。基于上述分析问题，提出以下建议：

（1）政府加大对畜禽养殖污染防治的支持。一是研究修订畜禽养殖生产扶持项目资金管理使用办法，明确一定比例资金用于畜禽养殖污染防治，发挥财政资金的导向作用。二是加大对畜禽清洁养殖专项的投入，在主产区设立废弃物处理专项资金，用于规模畜禽养殖场环保设施建设。三是农村沼气工程中加大对大中型沼气项目建设的投资比例，提高沼气建设补贴标准，充分发挥地方政府作用制定更切合地方实际和未来发展方向的户用沼气和联户沼气建设办法。四是增加环保项目资金用于畜禽养殖污染防治的比例。此外，探索推动规模畜禽养殖减排进入排污权交易市场，充分发挥市场作用，促进形成科学合理、多方分担环境成本补偿机制。

（2）完善畜禽养殖污染防治法律标准和政策支持体系。一是尽快出台《畜禽养殖业污染防治条例》的实施细则，使畜禽养殖污染防治的法律依据更加具有操作性，并能够促进形成农业部门、环保部门以及其他相关部门合理分工的良性工作机制；二是修订《畜禽养殖业污染排放标准》，增加对中小规模和家庭散养的污染排放标准，完善畜禽养殖污染防治相关的技术规范；三是完善相关政策支持体系，促进畜禽养殖业形成有利于资源化综合利用的适度规模、种养结合的新型经营主体，在土地、财税、金融、补贴等政策上给予其优惠；四是完善促进相关产业发展的支持政策，促进以畜禽粪便为原料的有机肥加工业发展，鼓励农户使用有机肥，加快推进分布式并网工程建设，推动实现沼气发电并网；五是完善畜禽市场价格调控机制，保证畜禽市场价格在合理范围波动，稳定养殖主体生产预期。

（3）加大研发和推广适应各地特点的技术应用新模式。一是优先扶持畜禽养殖废弃物资源化综合利用相关技术，重视畜禽养殖源头减排技术的研发；二是鼓励各地探索总结实用技术模式，形成适宜推广的技术标准规范，完善技术评估、发布、交流机制；三是加大对畜禽养殖清洁生产技术的推广，加大对分阶段饲养、微生物饲料添加等新技术的推广力度，注重对技术经济效益的宣传，鼓励养殖主体自觉应用新技术、新方法；四是完善污染防治技术服务体系建设，在资金、人员、监测能力建设等方面加大投入。

（4）强化畜禽养殖污染防治的分类治理模式。一是对周边有林地、果蔬园等消纳用地条件的规模养殖主体，引导其进行种养结合、发展循环经济，推广"三改两分"、沼气池、微生物发酵床养殖、有机肥加工配套的技术治理模式；二是对于散养密集区，可推广废弃物综合利用市场运营模式，共享共建污染治理设施；三是对具有一定养殖规模且周边消纳用地不足的专业户，推广微生物发酵床养殖技术，按照排放处理需求建设中小型沼气池。

第七章 农业清洁生产技术清单及综合评估

　　农业清洁生产通过源头削减、过程阻断和末端治理，从根本上消除和缓解农业污染，是解决农业面源污染的根本途径，是农业可持续发展的保证，能够实现农业经济发展与环境保护的"双赢"。农业清洁生产迫切需要农业清洁生产技术的支撑，这既是落实2014年和2015年中央一号文件的要求，也是改善农村环境治理和保障农产品质量安全的根本出路。农业清洁生产技术在促进农业产出增长与保护农业生态环境等方面产生了显著的经济、社会与环境效益。但是，我国农业清洁生产技术推广和应用不足，既有技术本身操作性不强、经济性不高等原因，也有推广不力、激励不够的原因。本部分立足农业清洁生产技术本身，首先，说明农业清洁生产技术的概念及主要特征；其次，从农业投入要素（水、肥、药等）和生产环节（产前、产中、产后）两个维度梳理和归纳我国现有农业清洁生产技术，形成农业清洁生产技术清单；再次，从经济有效性、操作简易性、环境友好性等方面对农业清洁生产技术进行综合评估；最后，从制度约束、市场约束、技术约束和个体约束四个方面分析农业清洁生产技术推广和应用的主要障碍。

第一节　农业清洁生产技术的概念与特征

一　农业清洁生产技术的概念

　　农业清洁生产技术是以农业经济发展与资源环境承载力相适应

为指导思想，以生态、生物、环境保护等多门学科为源泉，由节水节肥节药、废弃物资源化等构成的一系列农业技术的综合。农业清洁生产技术是推进农业清洁生产和实现农业现代化建设的重要基础，能够减少农业面源污染的产生，降低农业生产对环境和人们可能造成的危害和风险。根据不同的标准，可以对农业清洁生产技术进行不同的分类。从农业生产领域来看，农业清洁生产技术可以分为种植业和养殖业清洁生产技术两类（胡俊梅等，2010）① 或种植业、养殖业、居民生活和农副产品加工三类（熊文强等，2009）;② 从生产过程来看，农业清洁生产技术可以分为产前、产中和产后三类（柯紫霞等，2006）;③ 从生产系统来看，农业清洁生产技术可以分为投入、生产和产出三类（罗良国等，2009）;④ 从农业投入要素来看，农业清洁生产技术可以分为农药、肥料、地膜、废弃物四类（赵其国等，2001;⑤ 陈宏金等，2004）。⑥

二　农业清洁生产技术的主要特征

随着农业面源污染的日益严重和社会关注度的提高，近年来我国农业清洁生产技术发展迅速，已经取得一些成绩，体现了农业清洁生产"节能、降耗、减污、增效"的本质内涵。农业清洁生产技术的主要特征如下：

1. 农业清洁生产技术兼顾农业增产和环境友好的双重任务

农业清洁生产技术是由一系列节水、节肥、节药和废弃物资源

---

① 胡俊梅、王新杰：《农业清洁生产技术体系设计》，《安徽农业科学》2010 年第 6 期。

② 熊文强、王新杰：《农业清洁生产——21 世纪农业可持续发展的必然选择》，《软科学》2009 年第 7 期。

③ 柯紫霞、赵多、吴斌等：《浙江省农业清洁生产技术体系构建的探讨》，《环境污染与防治》2006 年第 12 期。

④ 罗良国、杨世琦、张庆忠等：《国内外农业清洁生产实践与探索》，《农业经济问题》2009 年第 12 期。

⑤ 赵其国、周建民、董元华：《江苏省农业清洁生产技术与管理体系的研究与试验示范》，《土壤》2001 年第 6 期。

⑥ 陈宏金、方勇：《农业清洁生产的内涵和技术体系》，《江西农业大学学报》（社会科学版）2004 年第 1 期。

化技术构成的技术集合和综合，有利于防治农业面源污染，具有环境友好的特征。但是，我国人口众多、经济发展迅速，国民经济和人们生活对农产品的需求不断增加，但是在耕地有限、水资源短缺等资源环境因素的约束下，我国农产品特别是粮食的供求矛盾日益突出，呈现紧平衡甚至供不应求的状态。保证粮食安全、增加农民收益、促进农业经济增长是我国经济发展中的重要战略问题。因此，农业清洁生产技术除了具有环境友好特征外，还需要提高农业生产能力，提高粮食单产，维护国家粮食安全，真正做到把饭碗牢牢端在自己手中。也就是说，农业清洁生产技术必须保证经济收益和环境收益在一个合理的维度内，保证在改善生态环境质量的基础上有较高的产出。例如，推广高产高效多抗新品种技术，重点选育耐旱、抗赤霉病、抗条锈病的小麦品种，抗斑病、抗螟虫、耐密、脱水快的玉米品种，抗稻瘟病、高产优质的水稻品种，既能减少农药、化肥的使用量，有利于农业面源污染防治；还能实现农业高产增效，提高粮食亩产。又如，推进耕地质量建设相关技术，以地力培肥、土壤改良、养分平衡、质量修复等农艺措施为主要内容，既能改善土壤质量、提升耕地质量，又能提高土地生产力。

2. 农业清洁生产技术的难度大、周期长、成本高、风险大

与传统农业技术相比，农业清洁生产技术要兼顾农业增产和环境友好，寻求的是"农业资源—绿色农产品—废弃物再利用"的反馈式流程的农业生产模式，开发难度大，研发和推广应用周期较长。由于农业清洁生产技术是新技术，从研发到推广应用的长周期内，需要经受不可预测的气候、自然条件的考验，以及农户接受程度等不确定因素的影响，成本和风险较高，收益不能保证。此外，农业清洁生产技术对技术性能和使用者素质的要求较高，除了耗费较高的研发和推广应用成本外，还包含较高的学习成本。

3. 农业清洁生产技术具有经济、环境和社会多重效益

农业清洁生产技术能够增加农产品产量和土地生产力，具有经济效益；能够节水、节肥、节药，实现秸秆回收利用、畜禽粪便资

源化利用和农膜回收利用，具有环境效益；能够提高农业可持续发展能力，促进农民收入增加和素质提高，还能够保障国家粮食安全，具有社会效益。但是，由于农业清洁生产技术成本高、信息高度不完全，具有明显的正外部性，因此需要政府增加投入和补贴力度，激励农业清洁生产技术的研发、推广和应用。例如，推进统防统治和绿色防控，需要政府采取各种优惠政策鼓励研发推广低毒低残留、环境相容性好的生物农药制剂和新型农药助剂，同时又要通过加大宣传补贴力度等方式，激励农户使用这些新型农药。

4. 农业清洁生产技术具有互补性和协调性

我国农业清洁生产技术种类繁多，针对农业面源污染产生与发展的不同阶段，因地制宜地形成了针对水、肥、药等不同农业投入要素的源头控制、过程控制和末端治理的农业清洁生产技术体系。不同阶段和类型的农业清洁生产技术具有互补性和协调性，形成了"节能、降耗、减污、增效"的合力。例如，控肥技术主要包括推进测土配方施肥，实施秸秆还田、增施商品有机肥，利用冬闲田发展绿肥，大力推广高效缓释肥、液态肥、生物肥等新型肥料，改表施和浅施为机械深施，改单一施肥为水肥一体等，这些技术都可以提高肥料利用率。同时，秸秆还田、增施商品有机肥还能提高土壤肥力，水肥一体化也能节约水资源。因此，这些技术都具有多重功能，在农业清洁生产和面源污染防治过程中发挥了一定的积极作用。此外，产前、产中、产后技术相互配合，才能从根本上实现农业清洁生产。

第二节　农业清洁生产技术清单

《中华人民共和国清洁生产促进法》第22条指出："农业生产者应当科学地使用化肥、农药、农用地膜和饲料添加剂，改进种植和养殖技术，实现农产品的优质、无害和农业生产废物的资源化，防止农业环境污染。禁止将有害、有毒废物用作肥料或用于造田。"由此可见，农业清洁生产包含种植业和养殖业两个领域，包括产前、产中、产后三个过程。但是，现有农业清洁生产技术的分类以单一指标为主，缺乏用复合分类指标对农业清洁生产技术进行系统归纳，也并未编制完整的技术清单。本书利用农业投入要素和生产环节这两个复合分类指标，对我国现行农业清洁生产技术进行梳理和分类，编制农业清洁生产技术清单，具体可以分为种植业和养殖业清洁生产技术清单。

一 种植业清洁生产技术

从农业投入要素来看，种植业清洁生产技术主要包括水资源、土地、化肥、农药、地膜集约使用技术等；从农业生产过程各环节来看，种植业清洁生产技术主要包括产前资源节约型技术、产中环境友好型技术和产后污染治理型技术。

1. 水资源集约使用技术

（1）产前节水技术。产前节水技术主要包括研发节水抗旱作物品种。节水抗旱技术主要指选育节水抗旱作物品种，或者通过基因技术进行基因重组以创造节水抗旱的新作物品种，例如培育节水抗旱水稻、小麦、棉花和玉米等新品种，使作物在产量基本保持不变情况下显著提高水分利用效率和耐旱性，大幅度节约农业灌溉用水。我国有 8 亿亩灌溉耕地，通过种植节水抗旱高产品种，减少灌溉次数和定额，每亩每年节水 100 立方米是完全可能的，因此，我国农业灌溉用水每年减少 1000 亿立方米也是完全可能的。节水抗旱作物的节水潜力非常巨大。

（2）产中节水灌溉技术。产中节水灌溉技术主要包括渠道节水技术、田间灌溉技术和地面灌溉技术三类，针对农业灌溉的水资源调配、输配和灌溉环节，大幅度减少农业灌溉用水和耗水量，达到水资源节约效果。水资源输配和调配过程离不开渠道，渠道防渗节水技术和农渠管网化技术，能够有效降低灌溉用水的漏渗率。采用砼板护坡、塑料薄膜防渗等多种技术措施进行防渗，可以减少

60%—90%的漏渗水量，并且提高了输水速度和输水效率。[①] 田间灌溉技术和地面灌溉技术都是针对农业灌溉环节的节水技术。我国现有农业灌溉技术主要采用大水漫灌方式，造成水资源浪费和土地盐碱化严重，农业灌溉水的有效利用率不足50%。

田间灌溉技术是先进的农业灌溉技术，可以分为喷灌、微喷灌和滴灌三类，具有节水、节地、省劳力、增产、适应性强等特点。喷灌是利用机械加压或利用地形高差，使水通过管道经过喷头喷射到空中，再均匀滴洒到农田，相当于小范围的"人工降雨"，主要适用于大田或山地作物，比漫灌节约40%—60%的水资源。微喷灌的基本原理与喷灌相同，只是水压、流量和水滴都比喷灌小，相当于给作物"下毛毛雨"，主要适用于菜地、花卉、草坪或大棚内作物，比漫灌节约50%—70%的水资源。滴灌是将一定压力的水，经过滤后通过管道滴头均匀地滴入植物根部附近的土壤，相当于给作物"打点滴"，是最节水的灌溉技术，比漫灌节约70%—80%的水资源。例如，膜下滴灌技术是近几年发展起来的一种先进节水技术，它把滴灌与地膜覆盖结合起来，改原来传统的浇地为浇作物，适合于大田、大棚作物，节水增产效果极佳。

地面灌溉技术主要包括大畦改小畦，长沟改小短沟，在土地平整基础上，使畦、沟规格合理化，比漫灌节约20%—25%的水资源。还可以应用激光控制平地技术、改进沟畦灌溉技术、田间闸管灌溉技术、蓄水保墒技术、水肥一体化技术等改进地面灌溉技术，形成适合不同类型灌区的田间工程设计和应用模式，也能取得较好的节水增产效果。[②] 例如，蓄水保墒技术就是干旱缺水地区经常采用的防旱抗旱技术，通过深耕蓄墒、耙耱保墒、镇压提墒、中耕保墒、深耕、深种和深锄等措施，改善土壤耕层结构，更好地纳蓄雨水，尽量减少土壤蒸发和其他非生产性土壤水分消耗，起到减少灌

---

① 王键：《对新疆发展节水灌溉的思考》，《新疆农垦科技》2002 年第 6 期。

② 周建伟、何帅、李杰等：《干旱内陆河灌区节水农业综合技术集成与示范》，《新疆农垦科技》2005 年第 1 期。

溉用水和高产稳产的作用。水肥一体化技术是利用管道灌溉系统，将肥料溶解在水中，同时进行灌溉与施肥，适时、适量地满足农作物对水分和养分的需求，实现水肥同步管理和高效利用的节水农业技术。

（3）产后水污染治理技术。种植业产生的废水主要是农田径流水，大部分农业废水未经处理直接排放到周边河流、湖泊等，对地表水和地下水造成了严重的污染，成为重要水源地、江河、湖泊富营养化的主要原因之一，亟待采取有效的水污染治理技术，实现农业废水的无害化处理和资源化利用。农田径流水处理技术主要包括生态拦截沟渠、生化塘、人工湿地技术，也可以采用将三者相结合的复合处理技术，通过种植大量的沉水植物和挺水植物，形成一个线—点—面紧密相连的综合治理系统，实现对农田径流中氮、磷的有效吸收和拦截，控制农田径流污染。① 生态拦截沟渠技术多通过对现有沟渠塘的生态改造和功能强化，或者额外建设生态工程，利用物理、化学和生物的联合作用对污染物主要是氮磷进行强化净化和深度处理，不仅能有效拦截、净化农田污染物，还能汇集处理农村地表径流以及农村生活污水等，实现氮磷等污染物的减量化排放或最大化去除。② 生化塘拦截技术是利用农田径流出水口处湖内或者池塘内的污染底泥，在不破坏表层物理结构的情况下，在底泥上种植可以适应性生长的沉水植物及挺水植物，起到吸收氮、磷等多种污染物以及改善水质的作用。人工湿地是人为将土壤、沙石等材料按照一定比例组合成基质，利用挺水植物系统、漂浮植物系统和沉水植物系统形成的独特污水净化系统。人工湿地处理技术主要通过植物根系周围的近根系的好氧区与远根系的厌氧区的交替环境，利用硝化、反硝化作用去除氮，利用基质的固磷作用以及植物与微生物吸收作用除去磷。人工湿地处理技术是一门新兴技术，与传统

---

① 沈丰菊：《我国农业废水处理技术的应用现状与发展趋势》，《农业工程技术》（新能源产业）2011 年第 1 期。

② 杨林章、施卫明、薛丽红等：《农村面源污染治理的"4R"理论与工程实践——总体思路与"4R"治理技术》，《农业环境科学学报》2013 年第 1 期。

处理技术相比有很多优势，在我国农业区控制地表径流方面也能够发挥一定作用，而且该技术更符合农村环境，利于实施，效果显著。① 复合处理技术充分发挥了上述三种技术的优势，提高了系统运行的稳定性和出水水质。

2. 土地集约使用技术

（1）产前土壤改良技术。土壤改良技术主要包括土壤结构改良、增施有机肥、秸秆还田技术等，这些技术可以有效提高土壤有机质，增加农作物产量和质量。土壤结构改良技术主要通过施用天然土壤改良剂（如腐殖酸类、纤维素类、沼渣等）和人工土壤改良剂（如聚乙烯醇、聚丙烯腈等），提高土壤的保水保肥能力，协调土壤的养分比例，防止水土流失。土壤改良剂施用方便，拌干土撒施、喷施、随水浇施均可。有机肥含有多种营养元素，能给作物提供全面营养元素，是很好的土壤改良剂。增施有机肥既能熟化土壤，改良土壤结构，又能协调土壤的水、肥、气、热，增强土壤的保肥、供肥、透气和缓冲能力，达到改良土壤的作用，为农作物生长创造良好的土壤条件。此外，小麦、玉米、水稻等作物秸秆还田技术，一方面减少秸秆就地焚烧造成的大气环境污染和资源浪费，另一方面能提升土壤有机质，增强土壤活性，降低农产品生产成本，可谓一举多得。秸秆还田是将摘穗后直立的作物秸秆，用于大中型拖拉机配套的秸秆还田机具直接粉碎、抛撒于地表，随即耕翻入土，使之腐烂分解做底肥。秸秆还田的方式主要有粉碎翻压还田、覆盖还田、堆沤还田和过腹还田四类。秸秆粉碎翻压还田是把秸秆通过机械粉碎成长度为10厘米左右，耕地时直接翻压在土壤里；秸秆覆盖还田是将秸秆粉碎后直接覆盖在地表或整株倒伏在地表，可以减少土壤水分的蒸发，达到保墒的目的；堆沤还田是通过家畜圈，或加上生物菌剂、水等进行高温腐熟，腐熟后，施入土

① 廖庆玉、卢彦、章金鸿：《人工湿地处理技术研究概况及其在农村面源污染治理中的应用》，《广州环境科学》2012年第2期。

壤，更利于植物体吸收，高温腐熟时还可以杀死部分有害的微生物；焚烧还田造成资源浪费，环境污染，破坏生态等问题，国家已经严厉禁止秸秆焚烧；过腹还田是将秸秆作为饲料，在动物腹中经消化吸收，一部分转化为营养物质，作为有机肥施入土壤，培肥地力，无副作用。[1][2]

（2）产中土地集约技术。产中土地集约技术主要包括土地平整、轮作、深松整地技术等。土地平整技术主要包括倒行子技术、抽槽技术、全铲技术和激光平地技术四种，能够增加有效耕地面积，促进土地的集约利用和规模经营，提高灌水均匀度和水肥利用效率。[3] 其中，倒行子和抽槽技术都是机械与人工结合的土地平整技术，全铲技术是主要依靠机械的土地平整技术，这三种都是传统的常规土地平整方法。激光平地技术是最先进的土地精细平整技术，利用激光束平面取代常规机械平地中人眼目视作为控制基准，通过伺服液压系统操纵平地技术可以实现高精度农田平整，减少田间灌排渠系占地，减少灌溉用水及水土流失，提高机械化作业率，在增加农作物产量和节水方面有显著效果。[4] 农作物轮作技术是在一定地区范围内，不同季节和年度种植不同农作物或复种组合的技术，能够充分利用土地和光热资源，提高农作物的生产效率，实现用地与样地相结合。根据轮作作物类型，可以将轮作技术分为烟—稻轮作、蔬菜轮作、花生轮作技术等。机械化深松整地技术是在不翻土、不打乱原有土层结构的情况下，利用机械松动土壤，打破犁底层，加深耕作层，增强土壤的透气和透水性，提高土壤蓄水能力，大幅增加农作物产量。机械深化联合整地技术是新型整地技

---

①　朱启红：《浅谈秸秆的综合利用》，《农机化研究》2007 年第 6 期。

②　刘娣、范丙全、龚海波：《秸秆还田技术在中国生态农业发展中的作用》，《中国农学通报》2008 年第 6 期。

③　雷晓萍、刘晓峰：《土地开发整理工程中几种常用的土地平整技术》，《宁夏农林科技》2009 年第 5 期。

④　Agarawal M. C., Goel A. C. Effect of field leveling quality on irrigation efficiency and crop yield [J]. Agricultural Water Management, 1981 (4): 89 - 97.

术，主要利用大功率拖拉机一次进地完成灭茬、旋耕、深松、镇压等多项作业，是节水、节油、保墒的经济耕法，具有良好的经济和环境效益。

（3）产后土壤修复技术。种植业中化肥、农药的过量使用，以及污水灌溉导致大量重金属在土壤中残留，使土壤污染日益严重。近年来，我国土壤污染特别是土壤重金属污染日益严重，受到越来越多的关注。我国近 3 亿亩耕地（约占耕地总面积的 1/6）受镉、砷、铬、铅等重金属污染，每年因重金属污染的粮食高达 1200 万吨，造成的直接经济损失超过 200 亿元。因此，土壤污染治理和修复技术研发、推广和应用具有重要意义。产后土壤修复技术主要包括物理、化学和生物修复技术，这些技术使土壤中的污染物发生氧化、还原、沉淀、吸附、抑制和拮抗作用，治理并修复土壤污染。①

物理修复技术可以分为电化法、热解吸和玻璃化技术。电化技术主要通过在饱和黏土（细粒）中通过低强度直流电达到清除土壤中的无机污染物。但是该方法的田间适用性差，而且不适合沙性土壤。热解吸修复技术以加热方式将受有机物污染的土壤加热至有机物沸点以上，使吸附土壤中的有机物挥发成气态后再分离处理。但是，该方法回收不良时易造成大气汞污染。玻璃化技术是利用电极加热将污染的土壤熔化，冷却后形成比较稳定的玻璃态物质。但是，该技术比较复杂，实地应用中会出现难以达到统一熔化以及地下水的渗透等问题。

化学修复技术主要指化学淋洗技术，它借助能促进土壤环境中污染物溶解或迁移的化学活生物化学溶剂，在重力作用下或通过水龙头压力推动淋洗液注入被污染的土层中，然后再把含有污染物的溶液从土壤中抽提出来，进行分离和污水处理。

生物修复是指利用生物的生命代谢活动减少土壤中有毒有害物

---

① 顾红、李建东、赵煊赫：《土壤重金属污染防治技术研究进展》，《中国农学通报》2005 年第 8 期。

的浓度或使其完全无害化，从而使污染了的土壤环境能够部分地或完全恢复到原始状态的过程，主要包括植物修复技术和微生物修复技术，具有效果好、投资少、费用低、易于管理和操作等特点。植物修复技术通过种植优选的植物及其根际微生物直接或间接吸收、挥发、分离、降解重金属等污染物，改善土壤质量，恢复重建自然生态环境和植被景观。微生物修复技术是利用土壤中的某些微生物对重金属等污染物具有吸收、沉淀、氧化和还原等作用，从而降低土壤中污染物的毒性。可以运用遗传、基因工程等高科技生物技术，培育对重金属等污染物具有降毒能力的微生物。

3. 化肥集约使用技术

（1）产前节肥技术。产前节肥技术主要包括培育节肥作物品种和研发新型环保化肥，减少化肥使用量，改善环境质量。作为符合环保需求和农业可持续发展的新型肥料，水溶性肥料和缓控释肥料是我国肥料产业重点研发和推广的新品种。水溶性肥料是一种可以完全溶于水的多元复合肥料，包括作物生长所需要的全部营养元素，如氮、磷、钾及各种微量元素等，作物吸收利用率较高，能够达到70%—80%。缓控释肥料是指肥料养分释放速率缓慢，释放期较长，在作物的整个生长期都可以满足作物生长需要的肥料，突出特点是其释放率和释放期与作物生长规律有机结合，从而使肥料养分有效利用率提高30%以上。截至2013年，缓控释肥示范推广已扩大到全国24个省的29种作物，基本覆盖了我国粮食主产区及主要农作物。

（2）产中节肥技术。产中节肥技术通过改变施肥方式和肥料成分，减少化肥流失，实现化肥高效吸收，主要包括化肥深施、测土配方施肥、平衡施肥技术。化肥深施技术是将化肥定量均匀地施入地表以下作物根系密集部位，使之既能保证被作物充分吸收，同时又显著减少肥料有效成分的挥发和流失，达到充分利用肥效和节肥增产的目的。研究表明，碳酸氢铵、尿素深施地表以下6—10厘米的土层中，比表面撒施氮的利用率可分别由27%和37%提高到

58%和50%，深施比表施的利用率相对提高115%和35%。在同样条件下，深施比地表撒施的小麦、油菜增产幅度平均在10%—25%之间。化肥深施需要注意土地的耕、翻，以及农民施肥时对深度、行距等的把握，主要受到农民施肥习惯、农村劳动力结构等因素的制约，技术难度不大。[①] 测土配方施肥就是根据作物的需肥特性、土壤的养分含量和肥料品种等因素，有针对性地制定出富含氮、磷、钾及微量元素的施肥技术方案。测土配方施肥技术要坚持有机肥料和无机肥料相结合，确定氮磷钾以及其他微量元素的合理施肥量及施用方法，维持土壤肥力水平，提高肥料利用率，减少化肥流失对坏境的污染，既增加农作物产量，又减少化肥投入量、环境农业面源污染，达到农业优质、高效、高产的目的，实现经济、环境和社会效益间的相互协调。平衡施肥是通过施肥来合理供应和调节作物必需的各种营养元素，以满足作物生长发育的需求，从而达到提高产量，改善品质，减少肥料浪费，防止环境污染的目的。平衡施肥的主要方针是"控氮、稳磷、增钾、补素"。控氮稳磷就是要严格控制氮磷肥的使用量；增钾就是要增施一定量的钾肥，合理地增施钾肥，可以提高氮的利用率，提高淀粉作物、纤维作物、油料作物、糖料作物和瓜果蔬菜的品质；补素就是要补充中、微量元素，为作物生长提供全面、均衡的营养。

（3）产后化肥污染治理技术。我国化肥过量和不合理使用，导致化肥被作物有效吸收的比例仅在35%左右，大部分成为农业面源污染的来源，严重污染地表水和地下水，并造成水体富营养化严重和水生生物大量死亡。产后化肥污染治理技术主要包括面源污染防治技术和水体富营养化治理技术。面源污染防治技术的关键在于吸收化肥中未被作物有效吸收的氮、磷等污染物，目前主要采用的技术与前文提到的农田径流水技术相同，也即包括生态沟渠、生化塘、人工湿地等。水体富营养化治理技术的关键在于削减水体中的氮、磷以

---

① 冶玉玲：《化肥深施技术》，《青海农技推广》2011年第4期。

及沉淀物中有机碳和氮、磷的负荷，目前主要采用的技术包括物理化学技术和生物技术。其中，物理化学技术主要包括氨汽提、沸石、电渗析、反渗透技术等，但是这些技术存在价格昂贵、产生二次污染等问题。生物技术可以分为活性污泥法、固定池、生物转盘技术等，这些技术去除率较高、成本较低，但是工艺操作不方便。①

4. 农药集约使用技术

（1）产前节药技术。产前节药技术主要包括培育抗病虫作物品种和研发低毒、高效、低残留的新型农药，提高作物对环境的适应和对病虫害的抵抗能力，减少农药使用，降低农药引起的面源污染，提高作物产量，具有经济有效、简单易行、效果稳定的特点。抗病虫作物育种不仅与作物本身的遗传特性有关，而且与寄生物或有害生物的遗传，作物与寄生物之间的相互作用以及两者对环境的敏感性等有关。抗病虫作物育种技术主要包括引种、选择育种、杂交育种、回交育种等。引种是简单有效的育种方法，从外地或外国引进若干优良的品种，在本地区多点试种至少 2 年，确认其产量、品种与当前推广品种相当，而抗病虫性优于当地品种时，即可以在生产上直接利用。选择育种是从现有的品种中挑选出符合人类需要的变异个体，并使其向着选定的方向稳定地遗传下去。杂交育种是在不同种群、不同基因型个体间进行杂交，并在其杂种后代中通过选择而育成纯合品种。回交育种是利用一个亲本反复和上一代的杂交品种再进行杂交，最终育成性状不断加强的新品种。此外，还应该积极开发推广低毒、高效、低残留的新型农药。例如，微生物农药能够用来杀虫、灭菌、除草和调节植物生长等的微生物活体或代谢产物，包括农用抗生素和活体微生物农药，具有低毒、环境相容性好等优点。应该鼓励微生物农药新品种的开发，利用细胞工程和基因工程技术进行遗传改良，使防治效果持效期延长，克服天然株

---

① 钱大富、马静颖、洪小平：《水体富营养化及其防治技术研究进展》，《青海大学学报》（自然科学版）2002 年第 1 期。

系缺点，加速微生物农药产业化进程。①

（2）产中节药技术。根据防治病虫害的不同方法，可以将产中节药技术分为生物防治技术、物理防治技术、化学防治技术和栽培管理技术四类。生物防治技术主要利用天敌、微生物及其代谢产物控制有害生物种群数量，对人畜、植物安全，不伤害天敌，不污染环境，对一些病虫害具有长期抑制作用。例如，蚜虫防治技术，通过人工招引或采集瓢虫、蚜茧蜂、食蚜蝇等蚜虫的天敌，减少蚜虫数量。物理防治技术主要利用物理机械方法防治病虫害，既能抑制病虫害又能有效减少农药使用量。例如，用杀虫灯、色板诱杀害虫，用纱网阻隔害虫；用温汤浸种杀灭植物种子上的病原菌；用风选、筛选、盐水漂选等措施，淘汰劣种和虫瘿。化学防治技术主要利用各种化学药剂来防治病虫害，但是可以通过科学用药，严格按照农药登记标注的使用范围和剂量使用农药，选择最佳施药时间等方法，提高农药的有效使用率。例如，"一喷三防"技术和农药缓释技术。"一喷三防"技术是在小麦穗期使用杀虫剂、杀菌剂、植物生长调节剂、微肥等混合喷打，达到防病虫、防干热风、防早衰、增粒重，确保小麦增长增收的关键措施。农药缓释技术的核心是高分子化合物与农药相互作用，是农药活性成分按照预先设定的浓度和时间持续而缓慢地释放到环境中，可以减少打药次数和用量。此外，也可以利用栽培管理技术防治病虫害，减少农药使用。通过肥水的调整、播种期选择、田间管理、间套轮作等农艺措施，提高农作物抵抗病虫的能力，或错开病虫草害侵染、发生时期，减少农药使用。例如，采用麦棉套种、棉花绿豆套种、棉田间种油菜、玉米或高粱等，利用套种作物诱集害虫，保护主要作物，减少农药的使用。

（3）产后农药污染治理技术。我国过量和不合理使用的农药通

---

① 袁兵兵、张海青、陈静：《微生物农药研究进展》，《山东轻工业学院学报》2010年第1期。

过各种途径，吸附、挥发、扩散、转移到土壤、大气、水体和生物体中，造成农业面源污染，危害人们的身体健康。目前，我国农药利用率仅为30%—40%，除被作物吸收外，大部分农药以被地表径流或被雨水冲刷的形式进入水体、土壤及农产品中。因此，必须强化末端治理，消除农药造成的面源污染。减少农药产生的面源污染，可以采取生物修复降解技术，利用有机体促进环境中有毒、有害、有机物质的降解和固定，保护生态系统的完整性，主要包括动物降解、植物降解和微生物降解技术。动物降解技术主要通过土生动物或水体中的低级水生生物吸收和富集环境中的残留农药，并通过自身的代谢作用，把部分农药分解成低毒或无毒的产物。植物降解技术主要利用植物及其根际微生物的共存体系吸收、富集、降解、净化农药污染物。微生物降解主要有酶促方式和非酶促方式两种，酶促方式是主要形式。当农药污染物浓度较高时，微生物通过酶对农药分子的特殊毒性基因进行代谢，使其失去毒性，并在代谢过程中将农药分子当成自身需要的碳源物质，从中获得生长所需的能量。当农药浓度较低时，农药分子在广谱酶的作用下进行水解代谢或共代谢。[①]

5. 地膜集约使用技术

（1）产中地膜集约使用技术。产中地膜集约使用技术主要包括可降解地膜和高标准地膜的研发、推广、应用以及采用适时揭膜技术。可降解地膜可以分为光降解地膜、生物降解地膜和光—生物降解地膜三类。光降解地膜是被光照射后能发生降解的地膜，主要通过光稳定剂技术控制其降解速度。但是，光降解地膜的缺点是易受外界环境的影响，难以控制其降解速度；大田覆盖使用时，埋入土壤中的部分不能被降解。生物降解地膜是指在自然条件下，通过土壤微生物的生命活动而进行降解的一类地膜。生物降解地膜在墒面

① 李阳、王玉玲、李敬苗：《有机农药对土壤的污染及生物修复技术研究》，《中国环境管理干部学院学报》2009 年第 3 期。

上覆盖 3 个月后，通过土壤微生物作用后进行分解，转化成肥沃的腐殖土，实现了废物的再利用，而且不产生对环境有明显毒害作用的残留，以达到保护土壤不受污染的效果。但是，生物降解地膜的缺点是价格较高，存在耐水性不太好、湿强度差、难以被土壤完全同化吸收等问题，不易推广应用。光—生物降解地膜是将微生物敏感物质（如淀粉），与合成树脂混合，同时向体系内引入光敏剂，并在诱导期过后，通过光敏剂的敏化作用，将合成树脂降解为低分子化合物，加入的微生物敏感物质自然被微生物降解，同时，由于制品上聚集的微生物能够作用于生成的低分子化合物，使聚合物最终被土壤同化。光—生物降解地膜在光降解地膜和生物降解地膜的基础上取长补短，工艺加工方便，开发成本小于生物降解地膜，不仅能保证光照部分发生光降解，而且埋入土壤部分也可以通过生物降解和塑料加工工艺的完美结合降解到不影响下季耕作的程度，并在相继的下个年度降解为无污染物质。

我国地膜偏薄，不利于回收利用，造成白色污染问题越来越严重。根据《聚乙烯吹塑农用地面覆盖薄膜》（GB 13735—92）的规定，我国地膜厚度为 0.008 ± 0.003 毫米。按照此标准，我国目前生产的农用地膜厚度为 0.005—0.006 毫米。如此薄的农用地膜在使用过程中，经过一个生产季节的氧化、光照之后，强度大大降低，各种形式的地膜回收只能收回当年地膜的 50%—60%，其余地膜在外力的作用之下变成散片分布在土壤之中，加上在土壤中的污染，回收的二次利用价值与回收成本不成比例，造成地膜引起的污染问题越来越严重。应该改进地膜生产技术和工艺，生产厚度更大的高标准地膜，可以参照国外标准，将地膜厚度标准改为 0.012—0.020 毫米，保证农用地膜覆盖多少回收多少。此外，还应同时改进农艺措施，掌握揭膜时机，采用适时揭膜技术，筛选作物最佳揭膜期，减少废膜产量，防治残留。

（2）产后地膜回收利用技术。我国地膜使用量与日俱增，大量地膜散落在田间地头，在空气、阳光、土壤和水中难以分解，造成严重的"白色污染"。2013 年我国地膜使用量达到 130 万吨以上，覆盖面积达到 3 亿多亩。① 亟待开展废旧地膜回收利用工作，发展地膜再生利用技术。废旧地膜再生利用技术分为简单再生和改性再生利用技术两类。简单再生利用就是将回收的废旧地膜经过分类、清洗、破碎、造粒后直接再生成地膜，或者加工成各种模塑制品，如塑料木材和栅栏等。改性再生利用是指将再生料通过机械共混或化学接枝改性后，再进行利用，这类改性再生利用的工艺路线较为复杂，有的需要特定的机械设备。与改性再生利用相比，简单再生利用的技术投资和成本相对更低，选用更为普遍，但改性再生利用是未来的发展方向。②

表 7 - 1　　　　　　　　我国种植业清洁生产技术清单

	产前	产中	产后
水资源	节水抗旱作物品种研发技术：培育节水抗旱水稻、小麦等新品种	渠道节水技术：砼板护坡、塑料薄膜防渗技术田间灌溉技术：喷灌、微喷灌和滴灌技术地面灌溉技术：激光控制平地技术、改进沟畦灌溉技术、田间闸管灌溉技术、蓄水保墒技术、水肥一体化技术	生态拦截沟渠、生化塘、人工湿地、复合处理技术
土地	土壤改良技术：土壤结构改良、增施有机肥、秸秆还田技术	土地平整技术：倒行子技术、抽槽技术、全铲技术和激光平地技术轮作技术：烟－稻轮作、蔬菜轮作、花生轮作技术深松整地技术：机械深化联合整地技术	物理修复技术：电化法、热解吸和玻璃化技术化学修复技术：化学淋洗生物修复技术：植物修复技术和微生物修复技术

① http：//www.caas.net.cn/nykjxx/fxyc/238899.shtml.
② 李诗龙：《废旧地膜的回收再生利用技术》，《再生资源研究》2005 年第 1 期。

续表

	产前	产中	产后
化肥	培育节肥作物品种、研发新型环保化肥：水溶性肥料和缓控释肥料	化肥深施技术、测土配方施肥技术、平衡施肥技术	农业面源污染治理技术：生态沟渠、生化塘、人工湿地、复合处理技术水体富营养化防治技术：物理化学技术、生物技术
农药	培育抗病虫作物品种：引种、选择育种、杂交育种、回交育种开发推广低毒、高效、低残留的新型农药	生物技术：蚜虫防治技术物理技术：用杀虫灯、色板诱杀害虫，用纱网阻隔害虫化学技术："一喷三防"技术和农药缓释技术栽培管理技术：田间管理、间套轮作	生物降解技术：动物降解、植物降解和微生物降解技术
地膜		可降解地膜技术：光降解地膜、生物降解地膜、光—生物降解地膜可降解地膜技术高标准地膜技术、适时揭膜技术	地膜回收利用技术：简单再生和改性再生利用技术

二 养殖业清洁生产技术

从农业投入要素来看，养殖业清洁生产技术主要包括水资源、土地、饲料、兽药集约使用技术等；从农业生产过程各环节来看，养殖业清洁生产技术主要包括养殖源头控制技术、养殖过程节水技术和养殖末端污水处理技术。

1. 水资源集约使用技术

（1）养殖源头节水技术。改进畜禽舍规划设计、养殖房舍的布局、畜禽舍地面结构，采用雨污分流、降温清水回收等技术，能够减少用水量，提高水资源的有效利用率。例如，在畜禽舍内采用简单的人工垫圈技术，也即在畜禽舍内铺垫木屑、麦秸，撒入少量"猪乐菌"，可以使畜禽舍用水量降低99%。

（2）养殖过程节水技术。养殖过程节水技术主要包括畜禽饮水、畜禽养殖场舍冲洗、畜禽降温等方面的集约化节水技术。推广使用节水型、多种动力、构造简单、使用方便、供水保证率高的自动给水设备，提倡集中供水和综合利用，淘汰原来在饮水槽饮水的长水槽水流供水，既能避免水资源浪费，又能比较清洁，防止畜禽患病。鼓励采用新型环保畜禽舍、节水型降温技术，通过安装水表和温度计等方式，确定冲洗和降温的用水量。此外，还应该改变清粪技术，将传统的水冲清粪和水泡粪改为干清粪技术。水冲清粪和水泡粪技术耗水量大，排出的污水和粪尿混合在一起，增加了处理难度，还会产生大量的硫化氢、甲烷等有害气体，危及动物和饲养人员的健康。干清粪技术耗水量少，产生的污水量少、浓度低、易处理；干粪直接分离还可最大限度地保存肥料价值，堆制出高效生物活性有机肥。

（3）养殖末端污水处理技术。养殖业产生的废水主要包括畜禽养殖业、水产养殖业产生的高浓度有机废水。高浓度有机废水可以采用厌氧处理技术、好氧处理技术和混合处理技术等进行处理。厌氧生物处理技术主要在无氧的条件下利用厌氧微生物的降解作用使废水中的碳水化合物、蛋白质、脂肪等有机物质被分解消化，从而使废水得到净化。该技术包括污泥厌氧消化技术、厌氧塘技术等，处理成本较低，而且能够有效去除生化需氧量（BOD），去除率高达90%以上。好氧处理技术主要利用微生物在好氧条件下分解有机物，同时合成自身细胞（如活性污泥）。该技术又可以细分为活性污泥技术、生物接触氧化技术、生物转盘技术等，都能够将可生物降解的有机物完全氧化为简单的无机物，起到治理水污染和改善水环境的效果。混合处理技术主要根据农业有机废水的产生量和水污染物浓度等情况，将不同的废水处理技术进行优化组合，取长补短，提高水污染治理效率。

2. 土地集约使用技术

（1）养殖源头土地集约技术。从养殖源头角度考虑，土地集约技术主要指种养结合技术，减少畜禽粪便产生量。合理规划养殖结构，进行集约化养殖，采取种养结合方式，养殖业为种植业提供肥料，种植业为养殖业提供饲料，便于养殖业污染物的收集、处理、收纳和控制，形成循环往复的生态产业链。根据实际情况，限制饲养量，减少环境的污染物负荷，减少营养素（氮、磷）或有毒残留物、病原体等对土壤的污染。①

（2）养殖末端土壤修复技术。养殖业高金属饲料的使用以及畜禽粪便排放对土壤产生污染。与种植业的产后土壤修复技术相似，养殖末端土壤修复技术也可以分为物理、化学和生物修复技术，这些技术能够使土壤中的污染物发生氧化、还原、沉淀等反应，有利于修复土壤污染。具体技术的内容参见上文种植业清洁生产技术中的产后土壤修复技术。需要注意的是，养殖末端土壤修复技术主要适用于大规模的畜禽养殖场。

3. 饲料集约使用技术

（1）养殖源头饲料集约技术。养殖源头饲料集约使用技术主要指研究开发、推广应用环保型饲料，使用高新技术改变饲料品质。畜禽养殖业使用的饲料既关乎畜禽排泄污染物的含量，更重要的是还对清洁畜禽产品有着至关重要的影响。为此，应该合理地开发并推广使用环保型饲料。重点是做好营养平衡饲料、高转化率饲料、低金属污染饲料以及除臭型饲料的开发。第一，在开发营养平衡饲料方面，通过在饲料中添加一些氨基酸来让饲料中的能量蛋白、氨基酸、矿物质、维生素等平衡；第二，在高转化率饲料开发方面，可以通过选择酶制剂来提高饲料养分消化率，例如在猪鸡类饲料中添加非淀粉多糖酶，提高饲料中各养分的消化率，使本来不易被猪鸡利用的消化磷转变为可以被利用的有效磷，降低排泄物中磷的含

---

① 吕远忠、吴玉兰：《无公害畜禽养殖关键技术》，四川科学技术出版社 2004 年版。

量；第三，在开发低金属污染饲料方面，高铜、高锌、高砷饲料被长期、大量使用既对畜禽产品产生污染，其排泄物也会对生态环境造成严重污染，因此，应探索采用一些中草药型的环保饲料来替代这些高金属饲料；第四，在除臭型饲料开发方面，在饲料中添加活性炭、沙皂素等除臭剂对降低粪便臭味，减少粪便中硫化氢等臭气的产生具有良好效果。①

（2）养殖过程饲料集约技术。养殖过程饲料集约使用技术主要包括科学配料技术和科学饲养技术两类，减少畜禽粪便的产生和排放量。一方面，科学配料，研究、开发、引进、推广优质饲料品种，应用高效促生长添加剂，使用高新技术改变饲料品质及物理形态。例如，饲料颗粒化技术，通过将粉状饲料原料或粉状饲料经过水、热调制，经过机械压缩并强制通过模孔而聚合成型，在生产制粒过程中可以添加其他原料，提高饲料的利用率、营养成分和消化率，减少畜禽粪便产生量。另一方面，科学饲养技术主要包括发酵床生态养殖技术和漏粪板技术。发酵床生态养殖技术就是以秸秆、木屑、稻壳等垫圈料接入活性有益菌群形成发酵床，在这上面进行家畜家禽的饲养，将动物置身于发酵床养殖的环境中，形成一个完美的小"生物圈"，使之有一种回归自然的感觉，满足了动物的原始生态习性，同时又提供了菌体蛋白。活性有益菌群具有很强的活性和分解能力，能够分解动物的粪便并消除其臭味，并将动物粪便转化为菌体蛋白，保持圈内温度和垫料层不让有害菌侵入，不让粪尿排出养殖栏舍之外，实现"零排放、零污染"。发酵床生态养殖技术的主要优势是"三省"（省水、省劳力、省饲料）、"两提"（提高畜禽抗病力和肉质品质）、"一增"（增加经济效益）和"零排"（无粪尿污染物排放，无环境污染）。漏粪板技术通过支撑梁搭建成地板，畜禽在上面活动，粪便通过长孔流入收集池，并通过收

① 陈波、虞云娅、刘健、毛驾程：《畜禽养殖清洁生产技术研究与应用》，《今日科技》2006 年第 5 期。

集池传送到远处的发酵池，粪便发酵后出售到周边的蔬菜种植基地。该技术实现一举两得，既可以避免畜禽与粪便直接接触，大大降低畜禽的发病率；又能回收利用并出售畜禽粪便，增加经济收入。①

（3）养殖末端饲料污染治理技术。饲料对环境的污染主要是通过转化为畜禽粪便对土壤、水等产生污染。养殖末端饲料污染治理技术主要是实现畜禽粪便的回收利用。畜禽粪便中含有大量的有机氮、磷等，可以回收利用作为肥料和饲料。2010 年，畜禽粪便排放量达 45 亿吨，畜禽粪便中的有机氮、磷含量分别为 1597 万吨和 363 万吨，相当于我国同期化肥使用量的 78.9% 和 57.4%。② 产后畜禽粪便回收利用技术主要包括堆肥技术、生物发酵技术、高效固液分离技术等，实现畜禽粪便的肥料化、能源化和饲料化，变废为宝。堆肥技术可以分为开放式堆肥和发酵仓堆肥两类。其中，开放式堆肥又可以分为被动通风条垛式堆肥和条垛式堆肥。被动通风条垛式堆肥是将原料简单地堆积，使堆体通过"烟囱效应"被动通风，经长时间自然分解的过程。这种方式可大大降低投资和运行费用，但不能满足连续好氧堆肥的条件。条垛式堆肥是将原料简单堆积成窄长朵剁，在好氧条件下进行分解。条剁式系统定期使用机械或人工进行翻堆的方法通风，所需设备简单，投资成本较低；翻堆会加快水分的散失，堆肥容易干燥；干燥的堆肥易于把填充剂筛分，干的填充剂可以较快地进行回用。但是，条垛式堆肥的缺点是占地面积大，而且腐熟周期长，需要大量的翻堆机械和人力。发酵仓堆肥使物料在部分或全部封闭的容器内，控制通风和水分条件，使物料进行生物降解和转化，具有占地面积小、受气候条件影响小、防止环境二次污染的优点，但是投资、运行和维护成本较高。③

————————

　　① 陈如明、高学运：《实用畜禽养殖技术》，山东科学技术出版社 1991 年版。

　　② 程兵：《规模化畜禽养殖场污染防治综合对策》，《当代畜牧》2013 年第 11 期。

　　③ 贾华清：《畜禽粪便的资源化利用技术与管理系统的建立》，《安徽农学通报》2007 年第 5 期。

　　生物发酵技术以生物除臭和物料的快速腐熟为核心，其原理是在多种微生物（生酵剂）的作用下，通过好氧发酵、厌氧发酵等不同的技术，使畜禽废弃物中的硫化氢、吲哚、胺等臭味成分迅速消解，植物中难以利用的纤维素、蛋白质、脂类、尿酸盐等被迅速降解，将畜禽粪便制成无公害高效活性有机肥。该技术可以突破农田施用有机肥的季节性、农田面积的限制，克服畜禽粪便含水率高和使用、运输、储存不便的缺点，并减少环境污染。而且，这种有机肥既可作为基肥施用，也可用作追肥，不伤根烧苗，施用后不会产生有害气体。

　　高效固液分离技术主要通过固液分离设备的分拣、过滤、传输、压榨脱水、除砂功能，分离出粪便中的漂浮、悬浮物及沉淀物，可以用于制成沼气，为生产生活提供能源。例如，含水率20%的鸡粪热值相当于标准煤的40%，10万只鸡的年产粪便转化为沼气热值相当于232吨标准煤。同时，沼渣和沼液是很好的有机饲料和肥料。此外，畜禽粪便中含有大量未消化的蛋白质、维生素、矿物质和氨基酸种类，对家畜和水产养殖具有很好的营养作用。可以通过高温快速干燥技术、烘干技术等，经过高温、高压、热化、灭菌、脱臭等处理，将畜禽粪便制成干粉状饲料添加剂，达到污染物处理减量化目的。

　　4. 兽药集约使用技术

　　（1）养殖源头节药技术。养殖源头节药技术主要包括选育抗病、抗疫的优良畜禽品种和研发高效、低毒、无公害、无残留的绿色兽药。一方面，选择优良畜禽品种，通过人工授精等技术进行畜禽品种繁育，不断改进畜禽品质，提高畜禽品种的抗病、抗疫能力，减少用药机会。另一方面，研发推广天然植物等绿色兽药，用绿色兽药替代化学抗生素和合成药。例如，黄连、黄芩、黄檗等抗菌、抗病毒中草药，多用于防治鸡白痢、副伤寒、大肠杆菌病等，能抑制或杀灭多种病原微生物，具有药源丰富、价格低廉、不良反应少、不易产生耐药菌株、无药物残留等优点。此外，还应推广应用绿色饲料添加剂，如饲用酶制剂、饲用微生物制剂、酸化剂、活性多肽、寡聚糖、防霉制剂、茶多酚、大蒜素等。这些绿色饲料添加剂能够改善畜禽肠道微生物平衡、促进营养物质的吸收、增强机体免疫力，不会产生耐药菌，对畜禽、人类无害。

（2）养殖过程节药技术。养殖过程节药技术可以分为化学防治技术和管理技术两类。化学防治技术主要利用各种化学药剂防治畜禽疫病，合理、科学、适度用药，对症下药，在兽医指导下规范用药，使用科学的免疫程序、用药程序、消毒程序、病畜禽处理程序，每种药必须标明休药期，饲养过程的用药必须有详细的记录，避免产生药物残留和中毒等不良反应。也可以利用饲养管理技术减少兽药使用。例如，采用自繁自养的饲养技术，避免疫病传入。根据不同畜禽的不同生长阶段，加强饲养管理，提高畜禽的集体抗病能力，防止畜禽发生疾病，减少用药机会。

（3）养殖末端兽药污染治理技术。与饲料对环境的污染类似，兽药对环境的污染也主要通过转化为畜禽粪便对土壤、水等产生污染。养殖末端兽药污染防治技术也主要包括堆肥技术、生物发酵技术、高效固液分离技术等。此外，病死畜禽体内含有大量致病微生物和兽药残留，会对环境造成污染，需要对其进行无害化处理。病死畜禽无害化处理技术主要包括焚烧、深埋和再利用技术三种。焚烧比较费钱费力，还能造成空气污染，但无害化处理的效果较好；深埋是我国大部分地区处理病死畜禽的普遍做法，能在一定程度上减少疫病发生，但是会把细菌和病毒通过土壤、地下水等四处传播；循环再利用主要采用堆积发酵、高温高压处理将病死畜禽作为肥料、饲料、沼气等，实现循环再利用。①

---

① 远德龙、宋春阳：《病死畜禽尸体无害化处理方式探讨》，《猪业科学》2013年第6期。

表 7 – 2　　　　　　　　　我国养殖业清洁生产技术清单

	产前	产中	产后
水资源	人工垫圈技术、雨污分流技术	集中供水技术、新型环保畜禽舍、节水型降温技术、干清粪技术	厌氧处理技术、好氧处理技术和混合处理技术
土地	种养结合技术、集约化养殖技术		物理修复技术：电化法、热解吸和玻璃化技术；化学修复技术：化学淋洗；生物修复技术：植物修复技术和微生物修复技术
饲料	研发环保型饲料：营养平衡饲料、高转化率饲料、低金属污染饲料以及除臭型饲料	科学配料技术：饲料颗粒化技术科学饲养技术：发酵床生态养殖技术、漏粪板技术	制、堆肥技术：开放式堆肥、发酵仓堆肥、生物发酵技术、高效固液分离技术；干燥技术：高温快速干燥技术、烘干技术
兽药	选育抗病、抗疫的优良畜禽品种；研发推广绿色兽药，例如天然植物中草药、绿色饲料添加剂	化学防治技术、管理技术	病死畜禽无害化处理技术：焚烧、深埋、再利用技术

第三节　农业清洁生产技术综合评估方法

农业清洁生产技术是一个由多属性、多层次的技术集合形成的复合系统，综合考虑经济、技术、环境等因素，选择适宜农业特点的清洁生产技术，确定清洁生产技术评估指标和方法，对于科学、有效地进行相关技术甄选，引导和推动农业清洁生产技术的研究推广和农业面源污染防治具有重要的现实意义。农业清洁生产技术评估不是一维简单的物理量，而是一个包括经济效益、技术性能和环境效益等多因素影响的多层向量。本书采用层次分析方法，首先确定农业清洁生产技术评价的主要影响因子，然后分解为能体现该指标的亚指标，再对其进行进一步分解，形成底层单项评价指标。

一　评估指标体系的构建原则

农业清洁生产技术评估可能包含的原始指标很多，筛选评价指标、构建指标体系时必须遵循一定的原则和标准，尽可能反映农业清洁生产技术的特征。农业清洁生产技术评估指标的选取和指标体系的构建主要遵循如下三个原则：

（1）科学性原则。评估指标体系应该客观、准确地反映农业清洁生产技术的本质和特征，能够在横向、纵向水平上对其进行比较和综合评价；每个层次、每个指标的设计都要有科学依据，不能全凭主观臆测，脱离实际；不同层次的指标不能相互矛盾，同一层次指标的级次应当相当。同时，各指标应该具有独立性，相互之间应避免重叠、交叉或包含。

（2）完整性原则。评估指标体系所反映的广度和深度，应该包含或覆盖农业清洁生产技术的全部本质属性和特征。指标体系的构建需要尽可能全面地提取出能够反映其本质的主要指标，从而保证农业清洁生产技术评估的全面和完整。

（3）可行性原则。在满足完整性原则的前提下，应尽可能减少指标的数量，避免形成庞大的指标群或层次复杂的指标树，不利于定量评估。评估指标的概念要清晰明确、简单易行，不应存在歧义，并且指标可测量，数据方便采集，计算方法科学合理，评估过程简单，利于掌握和操作。

二　评估指标体系的构成

考虑到农业的基础地位，农业清洁生产技术评估指标设置既要体现清洁生产"预防为主、源头削减、全过程控制"的核心理念，又要兼顾农业产出效益和发展能力；既要引导推广可行的清洁生产技术，又要完善适应市场经济的农业经营制度。根据农业清洁生产的要求和指标体系构建原则，农业清洁生产能技术评估指标要建立在科学、客观的基础上，具有代表性，易于评价和考核，既能反映农业清洁生产"节能、降耗、减污、增效"的本质内涵，又要避免指标间的重叠，便于从各个侧面反映出主要影响因素，全面系统地反映清洁生产实施前后各方面的正负效益。本书构建了一个三层次的农业清洁生产技术评估指标体系，一级指标由经济效益、技术性能和环境效益三方面组成；二级指标和三级指标分别在一级指标和二级指标下选择若干因子组成整个评价指标体系。农业清洁生产技术具有目标明确、社会效益大于经济效益、项目组成复杂等特点，经济、技术、环境都由诸多因子组成，有些因子可以定量并且容易定量，而有些因子则难以定量或者说难以取得定量数据。因此，对二级指标特别是三级指标的选择不可避免地存在着不完备的缺陷。

1. 经济效益

经济效益是衡量农业清洁生产技术经济有效性的基础性指标，经济效益评价标准包括顺次递进的三个层次：（1）满足人类原始生存意义上的物质产出增长率衡量；（2）资源的有效配置，用要素投入的边际产出衡量；（3）农业增长及波动，用投入要素价格水平及产出价格水平的变化衡量。这三个层次的评价标准，反映了产量、质量、投入产出的转化方式、生产资源的节约、生产力等，是衡量技术经济效益的基本尺度。① 本书选取产出变量、成本变量、效益变量作为经济效益的二级指标。农业产出变量可以进一步分解为土地产出率和劳动生产率。其中，土地产出率为单位面积土地上的平均农业产值，能够反映清洁生产技术对增加农产品产出的贡献；劳动生产率为每个农业生产者一年生产的农产品总量，能够在一定程

---

① 邓家琼：《农业技术绩效评价标准的变迁及启示》，《科学学与科学技术管理》2008 年第 10 期。

度上体现清洁生产技术对农业生产者效率提高的贡献。成本变量的三级指标主要包括生产成本和外部成本，生产成本主要包括投资成本、使用成本和维护成本，外部成本主要是农业清洁生产对农业生产、生态环境、社会产生的影响，需要将这部分外部成本内部化，才能反映其真实的全成本。效益变量的评价指标为投资收益率、投入产出率。投资收益率是技术收益与投资成本的比率，直接体现农业清洁生产技术投资的收益能力；投入产出率是技术试用期间的成本与获得的收益之间的比率。

2. 技术性能

技术性能是衡量农业清洁生产技术水平的基础性指标，主要包括技术成熟度、技术操作难度、技术管理难度。技术成熟度是衡量技术对目标满足程度的指标，主要通过与技术相关的概念、技术状态和技术能力等方面对技术成熟度进行评估。农业清洁生产技术成熟度可以进一步细分为理论研究、技术研发、示范工程、应用推广四个阶段。技术使用难度是直接影响技术推广和应用可能性的指标，可以将其分解为使用复杂程度、使用者要求、使用条件、使用强度、使用风险五个三级指标。其中，使用复杂程度主要指技术使用的步骤多少、复杂程度以及技术的易学程度；使用者要求主要指技术使用者具备的基础知识、学习能力和灵活处理能力；使用条件主要指为保证技术效果所要求的水、气、土等环境条件；使用强度主要指技术对使用者体力和精力的消耗；使用风险是技术对使用者可能产生的危害。这些指标都可以用高、中、低来度量。技术管理难度表现为技术的维护复杂度和气候影响度，能在一定程度上反映技术的市场推广和占有前景，可以用大、中、小来度量。

3. 环境效益

环境效益是衡量农业清洁生产技术对资源环境影响的重要指标，具有资源节约和污染物减排的双重效果，主要包括资源消耗和环境影响。资源消耗指农业生产对水、肥、药等资源的使用量，农业清洁生产技术通过提高资源有效利用率等途径减少资源使用和消耗量。资源消耗指标可以分解为水资源利用率、化肥利用率、农药利用率。环境影响指农业生产产生的废弃物对生态环境的影响，农业清洁生产技术通过循环利用等方式实现面源污染的减排。环境影响指标可以分解为秸秆综合利用率、畜禽粪便回收利用率、农膜回收利用率。

三 评估指标体系的综合计算方法

1. 三级指标的计算

对指标数值越高（大）越符合农业清洁生产要求的三级指标，其计算公式为：

$$S_i = S_{xi}/S_{oi}$$

对指标数值越低（小）越符合农业清洁生产要求的三级指标，其计算公式为：

$$S_i = S_{oi}/S_{xi}$$

式中，S_i 为第 i 项三级评价指标的评价指数；S_{xi} 为该项三级评价指标的实际值；S_{oi} 为该项三级评价指标的评价基准值。

2. 二级指标的计算

二级指标是根据所属三级指标指数乘以各自的权重后，加和计算得到，其计算公式为：

$$P_i = \sum_{i=1}^{m} S_i P_i$$

式中，P_i 为第 i 项二级评价指标的评价指数；m 为该二级指标所属三级指标的项数；S_i 为该二级指标所属三级指标的指数值；P_i 为该三级指标的权重。

3. 一级指标的计算

同理，定量评价一级指标的计算公式为：

$$O_i = \sum_{i=1}^{n} P_i \sigma_i$$ 式中，O_i 为第 i 项一级评价指标的评价指数；n 为该一级指标所属二级指标的项数；P_i 为该一级指标所属二级指标的指标值；σ_i 为该二级指标的权重。

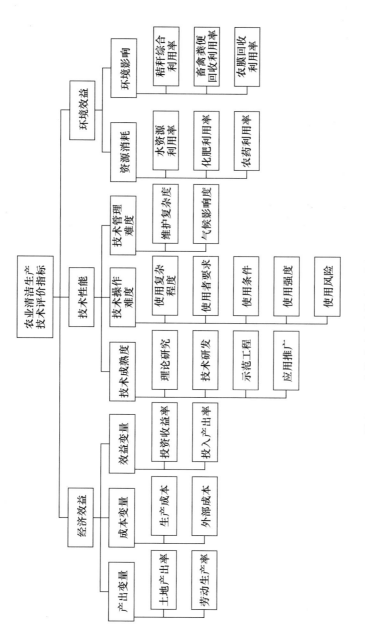

图 7－1 农业清洁生产技术评估指标体系

4. 综合指标的计算

采用加权叠加的方法，将各个一级指标乘以各自的权重，再求和计算，就可以得到农业清洁生产技术综合指数，其计算公式如下：

$$I = \sum_{i=1}^{o} Q_i \varphi_i$$

式中，I 为农业清洁生产技术综合指数；Q_i 为第 i 项一级评价指标的评价指数；o 为该一级指标所属二级指标的项数；φ_i 为该二级指标的权重。

评价指标的权重采用层次分析法确定。根据专家打分对各层次中各元素的相对重要性做出比较判断。依据重要性标度对因子权值分析采用"两两比较法"得出判断评分构成两两判断矩阵，经归一化运算确定权重，然后进行一致性检验。重要性标度见表 7 - 3。

表 7 - 3   层次分析法重要性标度

因素 x，y 相比较	说明	f (x, y)	f (y, x)
x 与 y 同等重要	x，y 对总目标有相同的贡献	1	1
x 比 y 稍微重要	x 的贡献稍大于 y，但不明显	3	1/3
x 比 y 明显重要	x 的贡献稍大于 y，但不十分明显	5	1/5
x 比 y 十分重要	x 的贡献明显大于 y，但不特别突出	7	1/7
x 比 y 极其重要	x 的贡献以压倒优势大于 y	9	1/9
x 比 y 处于上述两相邻判断之间		2, 4, 6, 8	1/2, 1/4, 1/6, 1/8

第四节　本章小结：农业清洁 生产技术制约因素

通过对农业清洁生产技术的清单式梳理，结合本书构建评估指标体系的逻辑思路，归纳出我国农业清洁生产技术推广和应用面临的主要障碍如下。

一　制度约束

我国未形成完整的农业清洁生产政策体系、政策支持和引导力度不够，推广机制缺乏成为制约农业清洁生产技术推广和应用的制度根源。尽管我国已经制定了《清洁生产促进法》、《循环经济促进法》等农业清洁生产相关法律，但是尚不能满足农业清洁生产的要求。现有法律法规和政策的滞后和缺陷，成为我国农业清洁生产技术推广和应用的重要制约因素，主要表现在三个方面：一是未形成完整的政策体系。农业清洁生产政策主要出现在红头文件、工作报告和会议文件中，缺乏一部专门的农业清洁生产法律，尚未在国家层面上建立起由法律法规、部门规章、标准和管理制度等在内的完整农业清洁生产政策体系。二是现有政策不合理。一方面，对化肥行业的税收优惠和财政补贴政策在一定程度上违背了市场经济规律，加大了化肥替代和农业清洁生产技术研发应用的竞争风险和成本，成为农业清洁生产技术推广和应用的重要"瓶颈"。另一方面，对农业清洁生产技术研发、推广和应用的补贴力度过小，补贴结构不合理，无法对研发者、推广者和应用者形成正向激励。三是缺乏行之有效的推广机制。农业清洁生产技术只有迅速转化、推广和应用才能实现其经济效益和环境效益。但是，长期以来，我国农业技术推广体系处于"人散、线断、网破"的状态，缺乏行之有效的推广机制，农业技术中介服务体系和技术市场制度不完善，缺乏统一的规范管理和连续性服务，造成农业清洁生产技术推广和应用中的问题无法反馈，技术供给与技术需求脱节。

二 市场约束

市场不完善、信任缺失和低水平均衡严重制约农业清洁生产技术需求市场的形成。我国农业清洁生产市场和环境友好型农产品市场处于初级阶段，支撑农业清洁生产的生产资料和生产技术服务体系尚未形成，绿色农产品和有机农产品认证中的"寻租"行为盛行、市场监管不力等因素造成环境友好型农产品市场存在大量机会主义和败德行为。市场不完善、信息缺失导致环境友好型农产品市场成为"柠檬市场"，使消费者对绿色和有机农产品存在信任危机和低支付意愿，进而导致绿色和有机农产品市场价格降低，需求市场萎缩，形成低需求和低供给的低水平均衡的市场。现有不完善、不成熟的环境友好型农产品市场使农业清洁生产技术的研发者和采用者无法获得足够的经济利益，直接抑制了农业清洁技术的研发、推广和应用，影响农业清洁生产技术市场的健康、有序发展。

三 技术约束

农业清洁生产技术是以生态、生物、环境保护等多门学科为源泉，由节水节肥节药、废弃物资源化等构成的一系列农业技术的综合，具有难度大、周期长、成本高、风险大的特点。作为新技术，农业清洁生产技术要兼顾农业增产和环境友好的双重任务，兼具经济、环境和社会效益，研发、推广和应用有较高的门槛和较大的不确定性，没有太多的经验可循，既要克服技术壁垒，经受不可预测的气候、自然条件的考验，还要受到农户接受程度等不确定因素的影响，研发和推广应用的成本和风险都较高，收益不能保证。例如，一些农业清洁生产技术的使用成本高于传统的化学投入品，而且使用起来有相应的操作规程，较为费事，在收益不一定增加的情况下，农户不愿承担这样的额外成本。一些农业清洁生产技术要求减少化学品投入，如减少农药化肥的使用量，可能会导致农业产量或品质下降，造成农户收益减少，直接影响农户采用的积极性。此外，农业清洁生产技术对技术性能和使用者素质的要求较高，除了耗费较高的研发和推广应用成本外，还包含较高的学习成本。

四　个体约束

农户知识水平低、环境意识差、强经济偏好和风险规避特征，对农业清洁生产技术的推广应用具有不利影响。我国农业人口的受教育水平低，多数是小学和初中文化程度的劳动者，技术人才短缺，不具备应用农业清洁生产技术的相关知识，难以适应从传统农业向生态农业的转变，无法满足农业可持续发展的要求。根据第六次全国人口普查结果，2010年我国文盲人口5466万人，文盲率为4.08%。其中，文盲人口中绝大多数是农村人口。农业人口的环境意识差，只追求眼前利益，倾向于采用有利于增加产量却污染环境的传统农业技术，对化肥、农药等化学产品的依赖程度较高，进行高投入、高排放、高污染的粗放型农业生产，使得保护资源、培肥地力、减少环境污染的农业清洁生产技术在农业生产中难以推广应用。① 此外，农户收入水平低，具有强经济偏好和风险规避特征，对新的农业清洁生产技术使用意愿和接受程度较低。当农业清洁生产技术的成本较高和收益不确定时，受农药化肥等化学投入品依赖惯性的影响，农户会拒绝使用该技术，直接阻碍农业清洁生产技术的推广应用。当且仅当农户使用农业清洁生产技术的成本不高于、收益不低于传统农业技术时，农户才可能会使用该技术。因此，农业清洁生产技术需要政策引导和财政补贴，降低其成本，提高其收益，才能激发农户使用的积极性。

---

① 伍世良、邹桂昌、林健枝：《论中国生态农业建设五个基本问题》，《自然资源学报》2001年第4期。

第八章　农业面源污染治理的国际经验

第一节　种植业面源污染治理经验

国外的农业面源污染治理工作始于20世纪60年代，首先由美、日、欧盟等一些发达国家率先开展，70年代以后，农业面源污染研究在世界各地逐渐受到重视。充分借鉴和学习发达国家在实践中积累的农业面源污染控制经验，对我国的水环境污染治理具有重要意义。

一　美国

20世纪80年代以前，美国十分重视工业和市政的点源污染控制，在政府的努力下，基本解决了点源污染问题，但对面源污染的治理重视不够。直到20世纪70年代后期，美国才认识到面源污染对水质的严重威胁，并开始着力治理面源污染。但20世纪80年代的治理效果不太显著，据美国1990年的调查评估报告显示，美国面源污染约占总污染量的2/3，其中农业面源污染占面源污染总量的68%—83%，致50%—70%的地面水体受污染或受影响。到1996年仍有40%的河流、51%的湖泊和53%的河口，受到富营养化的负面影响，其最主要污染来源为农业的排污。随着修订法律、调整政策以及一系列控污项目的推进，美国的农业污染控制工作取得了重大进展，经过10多年的有效治理，农业面源污染大幅减少。据2006年统计，美国农业面源污染面积已比1990年减少了65%。其成功的经验为世界各国所借鉴。

作为世界上少数几个对农业面源污染进行全国性系统控制的国家之一，美国控制农业面源污染的主要办法就是最佳管理实践（Best Management Practices，BMPs）。自 20 世纪 80 年代中期开始，美国的水污染控制法律中就不断提到，要鼓励和推行"最佳管理措施"——BMPs 的研究和应用。美国环保局将 BMPs 定义为"任何能够减少或预防水资源污染的方法、措施或操作程序，包括工程、非工程措施的操作和维护程序"。其中，非工程性 BMPs 是指建立在法律法规基础上的各种政策、程序与方法的控污管理措施；工程性 BMPs 是指按照一定环境标准和污染物去除标准，设计建造的各种工程设施。经过近 30 年的探索和实践，美国 BMPs 已经发展出种类繁多的治污技术管理方法体系。针对农业水污染防治的非工程性 BMPs 主要包括少耕免耕、肥料养分平衡、病虫害综合防治、规范化耕作方式等耕种管理措施，侧重于从污染源头将污染物质的产生控制在最低限度；工程性 BMPs 主要包括恢复湿地、建设植被过滤缓冲区、建设农业灌溉与排水沟渠、挖掘人工集水集污塘等措施，侧重于以污染径流过程控制为核心，通过对污染物质的滞留、渗透和植被吸收去除等作用，防止污染物质扩散和进入水环境。以 BMPs 为基础，美国在农业资源环境的保护方面实施了涉及水土资源管理、野生动物栖息地管理和污染防治等农业、农村资源与环境保护方面的 3 类 8 个重要项目，具体为：（1）退（休）耕类，包括退（休）耕还草还林项目、湿地恢复项目；（2）对利用中的土地（耕地、草地和私有非工业用林地）资源实施管理和保护类，包括环境保护激励项目、环境保护强化项目、农业水质强化项目、野生动物栖息地保护项目；（3）农牧业用地保护类，包括农场和牧场保护项目、草地保护项目。其中，退（休）耕还草还林项目、湿地恢复项目、环境保护激励项目、环境保护强化项目、农业水质强化项目与农业水污染治理密切相关，构筑了完善的农业水环境保护措施网。

美国早在 2000 年就将农业面源列为水环境的头号污染源。在美国的《清洁水法》（*Clean Water Act*）中就有专门针对农业非点源的章节，在其 319 章节（section 319）专门规定了如何申请用于农业面源污染治理资金的程序。在《清洁水法》的框架下，美国就主要使用最佳管理措施（BMPs）控制农业面源。

最佳管理实践是通过一系列项目或计划来实施的，最为重要的是在耕土地保护计划（Working – Land Conservation Program），该计划通过两类项目实施，一类是环境质量激励项目（The Environmental Quality Incentive Program，EQIP），另一类是保护管理项目（Conservation Stewardship Program，CStP）。

环境质量激励项目是在 1996 年《联邦农业促进和改革法案》（Federal Agriculture Improvement and Reform）中确立的，项目的首要目标就是为生产者实现提高农产品产量和环境质量的双重目标提供资金和技术方面的支持。最开始（1997—2001 年）每年的项目资金仅为 2 亿美元，后来迅速增长，2002 年为 4 亿美元，到 2007 年达到 13 亿美元，2002—2007 年总资金额达到 58 亿美元，2008—2012 年资金预算为 72.5 亿美元。农民要获得该项目的资助，必须完成相应的申请，申请中明确哪块土地将得到保护、受益的环境要素是什么、将采取什么措施。各州或地方的自然资源保护办公室将会对农民的申请进行打分并排序，排名靠前的将获得资助。项目将以两种形式帮助农民实施和管理保护计划：成本分担（cost – sharing）和奖励（incentive payment），每个人或团体将获得 5 年内最多 45 万美元（2008 年以后改为 30 万美元）的项目资助。成本分担一般是分担农民由于实施保护措施而购买、修建相关设施的费用，通常分担 50% 的成本，最高为 75%，奖励措施则不是直接与成本挂钩，而是以县为单位，对养分管理、综合病虫害防治、节水灌溉、野生动物栖息地管理等进行奖励。EQIP 项目资金资助的项目中，水质保护、畜禽粪便污染防治、土壤保护三类项目所占的比例最大，分别为 37%、28%、19%（美国农业部经济研究局，1997—2004）。

保护管理项目（CStP）是在 2008 年农场法案规定下用于替代生态保护安全项目（Conservation Security Program，CSP）的，该法案规定，自 2008 年起，尚在实施中的生态保护安全项目（CSP）继续执行，但是从 2009 年开始，所有项目都将以新的保护管理项目（CStP）代替。生态保护安全项目（CSP）于 2004 年开始实施，其目标与 EQIP 项目一样，但是筛选的范围比 EQIP 要小，CSP 将生产者分为三个层次，第一个层次的生产者只要证明在他农场的一部分实施最佳管理实践（BMPs）并保护了土壤和水质；第二个层次的生产者需要在他的所有农场通过最佳管理实践，除了保护土壤和水质外，还需要额外保护一类环境要素（如自然栖息地）；第三个层次的生产者需要保护所有的环境要素。符合以上条件的可以申请项目的相应资助，2004 年的资助总额为 4.1 亿美元。

保护管理项目（CStP）规定生产者可以将其农场中的草地、种植用地、森林纳入计划中，但是农场或牧场主必须满足：（1）已经在其整个农场中至少保护到一种环境资源（包括水质、土壤和其他与环境质量有关的要素）；（2）在一个五年的合同期内，承诺至少再额外保护一种国家优先保护的资源（优先性由农业部制定）。CStP 项目将补偿农业生产者由于保护行为（例如安装或改装设备、轮作等）而额外支出的费用，补偿的标准根据这些行为的额外花费、农民损失和生态环境效益来确定，对于单个农业生产者，一个五年的合同期内项目资金的支持不超过 20 万美元。2008 年美国农业部将 1277 万英亩土地纳入了 CStP 项目，每英亩土地的平均补偿额为 18 美元/年。

除了工程措施，BMPs 体系非常重要的一部分是针对农民的培训和教育。其中，非常重要的一点就是让农民意识到"他们为农业生产的原材料付过费，浪费越多损失越大"。因此，一旦农民真正理解到这一点，他们就会想办法提高农用物资（如化肥、农药等）的使用效率，从而将保护环境的行为内化到其追求经济效率的行动中去。根据美国联邦环保署的统计，已经有 339 条河流在《清洁水法》的支持下取得了面源污染治理方面的成就，河流水质得到了很好的改善。[1]

二 欧盟

在欧洲，农业面源污染同样是造成水体质量下降的主要原因，农业生产产生的氮、磷流失是造成地表水富营养化的主要来源。自20世纪80年代末以来，西欧各国（欧盟成员国）逐步实施了农业投入氮、磷总量控制的相关法律、经济等措施，使农业化肥、畜禽废水等的氮、磷排污量大大减少，其中，化肥氮、磷用量分别下降了30%和50%，使农田环境及水环境得到了较大的改善，治理成效颇为显著。

1991年，为控制农业施肥造成的水质硝酸盐污染，欧盟颁布了《硝酸盐指令》。该指令规定：（1）各成员国必须监测水体以确认水质受到农业硝酸盐污染的地区，并将受影响较大的地区确定为硝酸盐脆弱区；（2）对所有的硝酸盐脆弱区，成员国必须制订行动计划，如制定有机肥和无机肥的最大可允许应用量和应用期限，以控制有机肥和无机肥施用来祛除这些威胁；（3）硝酸盐脆弱区以外的区域，成员国必须制定良好的农业耕作实践自愿准则，准则包括储备率、施用率、使用时序和其他相关事宜。

1995年开始，欧洲委员会及欧洲理事会环境理事就水管理政策改革达成共识，认为水管理应实施流域综合管理、整合所有涉水政策、设定污染物排放限值、明确排放及质量标准、突出公众参与，要将这些方面及各种保护目标综合到一个集成的、简约的法令框架中，并在该框架内开发综合的、可持续的、一致的水政策。按照这种理念，欧盟制定并于2000年颁布实施了《水框架指令》（Water Framework Directive，WFD）。WFD以流域区域为尺度，强调水管理要综合所有水资源、水利用方式及价值、不同学科及专家意见、涉水立法、生态因素、治理措施、利益相关者意见和建议及不同层次

---

[1] EPA. http：//water. epa. gov/polwaste/nps/success319/.

决策等诸多因素，要加强政策、措施制定及实施的透明度，鼓励公众参与，并给出了流域水管理的基本步骤和程序。在 WFD 框架下，各欧盟成员国制定和完善了农用化学品科学使用、养殖规模限定等农业水污染控制相关的法律法规。在化肥、农药的使用管理上，一些欧盟成员国建立了化肥、农药的登记制度，防止高残留、高毒性以及劣质农用化学品进入市场，同时，根据气候、土壤、水文等自然地理条件以及种植作物类型、轮作方式，对化肥和农药的最大使用量、使用时间、使用方法进行规定，对于违反规定的行为予以惩罚。在养殖管理上，欧盟成员国为使畜禽养殖粪便的产生量在土地的消化能力范围以内，规定了每公顷土地可以容纳的畜禽粪便标准，以此标准为基础，确定了畜禽养殖的限制规模。

为缓解农业生产对环境的污染，欧盟实施了一系列有利于环境保护的农业可持续性发展政策，主要包括农地退耕政策和生态农业发展政策。这些政策在农业污染控制方面发挥了持续性的作用，而政府的高额补贴是政策得以有效实施的重要保障。1988 年，为抑制农产品过剩和保护环境，欧盟实行一定比例的农地不耕作政策，规定农户有义务按一定比例将低产农地转为生态用地，用于野生生物栖息地，保护生物多样性，并对退耕恢复自然植被的农户经济损失进行直接补偿。1992 年 6 月，为缓解农业生产对环境的污染，欧盟通过了以农业—环境"一揽子"计划为主导思想的新的共同农业政策。该政策采取了降低区域内农产品价格、减少农业总支出、推行有利于减少环境污染的农业生产方式等措施，鼓励农民减少肥料、农药的使用和降低家畜的放养密度，并对措施造成的农民收入的下降给予补贴。同年颁布的《生态农业及相关农产品生产的规定》制定了生态农业的生产标准，要求农户按照生态农业生产标准，耕种 5 年可以得到政府资助，否则必须退还所领资助款。在农业环境政策的刺激下，欧盟的种植结构发生了变化，投肥量高的酒肆作物和蔬菜作物种植面积不断降低，进一步促进了化肥使用量的减少。据欧盟化肥工业协会综合不同机构的预测指出，在政策驱动下，未来欧盟种植结构还将不断发生变化。而由此带来的化肥需求量和消费量继续下降，将使得由化肥流失带来的水环境污染得到进一步控制。

欧盟和 OECD 国家注重在更加宏观的层面实现农业与环境政策一体化，将农业和环境政策的目标统一起来，以期实现农业环境的"双赢"。因此，欧盟国家更加重视在立法、决策程序、机构人员等方面考虑环境因素。在整体上达成共识后，再由欧盟所属的各国自己决定具体的实施方案。下文首先介绍欧盟在农业面源相关领域的共同政策，再介绍典型国家的具体措施。

1. 欧盟共同农业及水环境政策

欧盟的共同农业政策（Common Agriculture Policy，CAP）是欧盟制度体系中最为重要的政策之一，其目标是保证农民获得一个良好的生活标准，保障消费者食品质量和公道的价格，并保护农村生境。共同农业政策所使用的预算占欧盟总预算的将近一半（2006 年为 498 亿欧元，占 47%；2007 年为 510 亿欧元，占 45%；2008 年为 551 亿欧元，占 47%）。[①]

共同农业政策历经发展，由最初的主要支持农业生产，到逐步注重农村发展，如今欧盟共同农业政策则越来越多地关注农业行为中的环境保护问题。在 2007 年以前，欧盟共同农业政策的资金落实主要由欧洲农业指导与保障基金会（European Agricultural Guidance and Guarantee Fund，EAGGF）完成，资金主要有两方面用途：一是通过直接补贴和干预手段支持农业部门；二是帮助农民更加环境友好地利用土地以支持农村发展。自 2007 年开始，为了更加突出对农村发展方面的支持，成立了两个基金会取代 EAGGF，分别履行上述两方面职能，一个是欧洲农业保障基金会（The European Agricultural Guarantee Fund，EAGF）；另一个是欧洲农村发展基金会（The European Agricultural Fund for Rural Development，EAFRD）。2008 年，两

---

① National Audit Office. Financial Management in European Union 2006，2007，2008.

个基金会所占的份额分别为 78% 和 19%。

在水环境保护的专门政策方面，欧盟国家在 2000 年通过了《欧盟水框架指令》（EU Water Framework Directive），该指令提出了适合欧盟成员国的水环境保护目标，各国在该指令下可以选择符合自己实际的手段以实现环境目标。

《欧盟水框架指令》的核心目标是到 2015 年所有水体达到一个"良好的状态"（good status），《欧盟水框架指令》对水体状态进行了 5 个等级的划分，从"极差"到"极好"。欧盟成员国的环境专家以欧盟内气候变化的数据为基础进行分析，再对 5 个等级制定标准。"良好"仅次于"极好"，它作为水体好坏的标准参考等级，以"对人类产生有限或者无明显的影响"为原则，因此需要包括水质、水量、流态以及江湖形态在内的全部数据达标。[①]《欧盟水框架指令》主要进行一些原则性规定，对于实现目标的具体方式由各国自己选择，总体包括几个方面：[②] 一是将水环境保护扩展到所有类型的水体，包括内陆、海洋、地标和地下水；二是以流域为单位进行水环境管理；三是将排放限值和环境标准结合起来；四是确保水价政策提供足够的激励以使用水者更加有效地使用水资源；五是鼓励公众参与。

《欧盟水框架指令》得以贯彻的主要载体是 1991 年 12 月欧盟委员会通过的《关于保护水体遭受农业营养物质污染的指令》（91/676/EEC）。该指令又被简称为《欧盟养分管理指令》，目标就是减少由于农业生产中过量的营养物质而导致的水污染。欧盟养分指令的实施有以下几个步骤：一是水质监测，包括营养物质的浓度和富营养化程度；二是识别被污染或者处于被污染风险中的水体；三是

①　L. S. 安德森、M. 格林菲斯：《欧盟〈水框架指令〉对中国的借鉴意义》，《人民长江》2009 年第 8 期。

②　See Directive 2000/60/EC of the European Parliament and of the Council of 23 October 2000: establishing a framework for Community action in the field of water policy. In Official Journal of the European Communities.

圈定脆弱区域，也就是污染能够进入步骤 2 所识别的水体中的区域；四是建立良好农业行为和行动计划的编码；五是至少每 4 年要对脆弱区域和行动计划进行评估。

欧盟评估报告结果显示：2004—2007 年，欧盟 15 国的氮肥年消费量基本稳定在 900 万吨，磷肥消费则相比前一个报告期（2000—2003 年）降低了 9%。[①] 地下水氮含量大部分处于平稳（36%）或降低（30%）趋势，但是仍有 34% 的监测站的氮含量为上升趋势。地表水方面，70% 的监测站的氮含量与上一报告期相比处于降低或平稳趋势。

2. 欧盟主要国家农业面源控制的税费政策

欧盟国家很多采取环境税费的方式，限制农民对化肥、农药的使用，以减少农业行为对水体的污染。

挪威 1988 年开始实行化肥税收政策，最初的政策目标是为其他政策的实施筹集经费，后来转变为支持环境友好的行为。尽管由于 1988 年"北海蓝藻暴发"事件促使税率提高到化肥价格的 8%，1991 年又提高到 20%，但是仍然被认为不足以对化肥使用行为产生重大影响，甚至有学者认为只有税率达到化肥价格的 100%—300% 才有可能有实质性的作用，且化肥税已经对挪威的农业出口贸易产生了较大的负面影响。[②]

匈牙利 1986 年开始实施化肥税，最初的税率是：0.25/kgN，0.15/kgP（为欧元符号，1999 年之前各国以本国货币计税率，本章统一转化成欧元）。该税率逐年增长，直到 1994 年该国加入欧盟而被废除。该税收实施以来肥料的使用量以约 3% 的速度逐年下降，但相应的是化肥的价格以约 10% 的速度上涨，较大地增加了农民的

---

① Commission of the European Communities. Report from the Commission to the Council and the European Parliament: On implementation of Council Directive 91/676/EEC concerning the protection of water against pollution by nitrate from agricultural sources for the period 2004 – 2007.

② Vatn, A., et al. Environmental taxes and politics: the dispute over nitrogen taxes in agriculture. Eur. Environ, 2002（12）：224 – 240.

成产成本。尽管如此，研究表明，该政策对于环境质量改善的直接效果仍然非常有限。[①]

丹麦自 1998 年引入氮税，对于任何氮含量超过 2% 的肥料征收 0.67 /kg N 的税，该税率一直未变。[②] 该税率虽然相比匈牙利的高得多，但是丹麦的税收减免非常普遍。例如，只要年营业额超过 2700 欧元的农户就可以免税；其他用户只要年使用肥料超过 2000kg 也可以免税；对于年用肥量不超过 2000kg 的用户，只要每年缴纳的税金超过 135 欧元，也将得到部分返还。因此，该项税收对于农民没有实质上的约束，主要是针对家庭少量的肥料使用行为，例如花园的施肥，对于环境质量的改善几乎没有贡献。

三　日本

日本是世界上水资源比较丰富的国家之一。第二次世界大战以后，随着日本经济的高速增长，水资源的利用程度不断加深，导致了严重的水质污染问题。针对这一情况，日本政府制定了一系列水污染治理措施，较好地控制了水质恶化的趋势，经过多年的努力，使湖泊河流重新恢复了清澈。1990 年以前，日本水污染治理的重点一直放在工业和城市点源污染上，农业面源污染还没有得到足够的重视。1992 年农林水产省在其发布的"新的食物·农业·农村政策方向"文件中首次提出了"环境保全型农业"的概念，自此以来，日本开始致力于推进环境保全型农业，防治农业面源污染。

在 1992 年确立了新的农业发展政策以后，日本将新政策推行工作中成功的经验和做法上升为法律，于 1999 年颁布了《食品、农业、农村基本法》取代了 1961 年的《农业基本法》，该法规强调，要发挥农业及农村在保护国土、涵养水源、保护自然环境、形成良

---

① Brian M. Dowd et al. , 2008. Agricultural nonpoint source water pollution policy: The case of California's Central Coast. Agriculture, Ecosystems and Environment (128), 151–161.

② ECOTEC, 2001. Study on the economic and environmental implications of the use of environmental taxes and charges in the European Union and its member states. Final Report. ECOTEC Research and Consulting, Brussels, Belgium.

好自然景观等方面所具有的多方面功能，其目的是加速引进具有较高持续性农业的生产方式，确保农业生产与自然环境协调，实现农业健康发展。同年，《关于促进高持续性农业生产方式的法律》和《可持续农业法》出台，规定了农业生产的 3 大类 12 项技术，鼓励农民采用有机肥施用技术，配合相关标准减少化肥、农药的施用，实现农业生产的污染控制。2000 年和 2001 年，日本政府又相继修订和出台了《肥料管理法》、《农药取缔法》、《家畜排泄物法》、《农业用地土壤污染防治法》，明确了农业生产中化肥、农药减量施用以及家畜废弃物排放的实施细则。此外，《食品循环资源再生利用法》、《有机农业法》、《堆肥品质法》、《农药残留规则》等环保型农业发展与污染控制的相关法律法规的制定与实施，也对农业污染起到了较好的控制效果。随着环境保全型农业的不断深入发展，日本在治理农业水污染方面，形成了一整套包括污染治理机构、污染监控、污染治理的法律经济措施在内的农业水污染治理体系，客观上对防治农业污染起到了重要作用。

经过多年的实践，日本在防治农业水污染方面的法律法规日趋系统和完善，通过制定细致、合理、可操作性强的水污染控制法律法规，进行农业水污染控制的作用非常突出。与通过立法督促治污工程建设、控制工业点源污染的末端治理方式不同，日本治理农业面源污染所采取的法律措施侧重于制定详细的规则和标准对污染源头进行控制。

除了以上介绍的国外在面源污染控制领域的先进经验，各国还提倡加强环境监测、公众参与力度和构建以流域为单元的环境保护机制与机构。国外制定法律、采取经济手段、实施环保项目进行污染控制的前提都是通过建立先进的监测系统，对变化动态进行全面掌握，以此获得准确的污染信息和措施效果信息，为有效决策提供充分的依据；在公众参与方面，国外通过制定相关法律，规定了信息公开的基础上，通过宣传教育，鼓励公众参与到农业面源污染控制相关工作中来；发达国家农业污染的有效管理都构建了流域尺度内专门的管理机构和机制，这些机构和机制的建立弥补了区域水污染治理在解决跨界问题方面的不足。

第二节　畜禽污染防治国际经验

自20世纪50年代起，发达国家开始大规模发展集约化养殖，在城镇郊区建立集约化畜禽养殖场。集约化畜禽养殖场排放大量的粪便和污水难以处理和利用，造成了严重的环境污染。但是，人们关注的大多是恶臭、病菌和硝酸盐的影响。直到近年来，水体富营养化问题的日益突出使人们关注到农业中磷的流失问题。不少研究表明，农田施用畜禽粪便造成的磷流失是农业非点源污染的重要组成部分。欧洲发达国家的地表水中，农业排磷占总磷污染负荷的24%—71%；[①] 在美国，其淡水系统中1/3的氮和磷都来自牲畜的养殖和饲料的生产。2000年，密西西比河中的300万吨氮就直接来源于此。美国西部干旱地区河流沿岸生态系统破坏的80%是因畜禽放牧所致，美国中部地区进入河流总氮的37%和总磷的65%来自畜禽粪便。动物产生的废弃物已成为美国最大的环境保护问题。[②] 据美国弗吉尼亚州环境质量部门报告，水体中大肠杆菌是美国弗吉尼亚州水体污染的主要成分。[③]

中国畜禽养殖业规模化发展速度比较快，目前我国已成为世界上最大的肉、蛋生产国，但目前小规模集约化畜禽养殖场占我国集

---

① 曾悦、洪华生、陈伟琪、郑或：《畜禽养殖区磷流失对水环境的影响及其防治措施》，《农村生态环境》2004年第3期。

② Belsky A. J., Matzke A., Uselman S. Survey of livestock influences on stream and riparian ecosystems in the western United States [J]. Soil and Water Conservation. 1999, 54 (1): 419 – 431.

③ Amy M. Booth, Charles Hagedorn, Alexandria K. Graves, et al. Sources of fecal pollution in Virginiap's Blackwater River [J]. Journal of Environmental Engineering, 2003, 129 (6): 547 – 552.

约化畜禽养殖场总数的80%以上，养殖场配套设施不完善①，环境管理水平普遍较低。全国90%的规模化畜禽养殖场从未经过环境影响评价。在防污治污方面，有60%的养殖场缺少干湿分离这一最基本的污染防治措施，80%左右的养殖场缺少必要的污染治理投资，绝大多数的养殖场没有建造配套的粪污处理设施。畜禽粪便含有的大量未被消化吸收的有机物质，成为水体、土壤、生物的主要污染源。② 因此有必要研究发达国家和地区的畜牧养殖业污染治理与管理现状，为我国治理畜牧养殖业污染提供可借鉴的经验。

一 美国畜禽养殖业污染治理

美国淡水系统中1/3的氮和磷都来自牲畜的养殖和饲料的生产。在美国，大型农场每年可产生3.35亿吨肥料。2000年，密西西比河中的300万吨氮就直接来源于此。1995年美国审计署（GAO）参议院报告认为畜禽粪便是美国水域中总N、P进入水体的主要来源，它比传统的污染源（市政、工业）更持久。美国西部干旱地区河流沿岸生态系统破坏的80%是因畜禽放牧所致，动物产生的废弃物已成为美国最大的环境保护问题。③ 据美国弗吉尼亚州环境质量部门报告，水体中大肠杆菌是美国弗吉尼亚州水体污染的主要成分。④ 美国切萨扞克海湾流域几条河流中检测出与畜禽粪肥还田有关的增长性荷尔蒙丸激素和雌性激素。⑤

---

① 苏杨：《国集约化畜禽养殖场污染问题研究》，《中国生态农业学报》2006年第4期。

② 李瑾、秦向阳：《消费结构变迁引致的畜牧业生产变革做法与经验借鉴》，《中国农学通报》2009年第6期。

③ Belsky A. J. , Matzke A. , Uselman S. Survey of livestock influences on stream and riparian ecosystems in the western United States [J]. Soil and Water Conservation. 1999, 54 (1): 419 – 431.

④ Amy M. Booth, Charles Hagedorn, Alexandria K. Graves, et al. Sources of fecal pollution in Virginiap's Blackwater River [J]. Journal of Environmental Engineering, 2003, 129 (6): 547 – 552.

⑤ Ritter W. F. Agricultural nonpoint source pollution: watershed management and hydrology [M]. Los Angeles: CRC Press LLC, 2001: 136 – 158.

1. 美国畜牧养殖的特点

美国的畜牧业生产由农业部统管。农业部的研究和推广局主要负责畜牧业和种植业的技术推广与生产指导工作。动植物健康监测局主要负责动植物进出口的检疫和监测工作。食品安全与监测局则主要负责食品卫生与安全的监测和执法，农业部对畜牧生产的管理主要是执法、政策指导和推广服务工作。

美国畜牧业产值约占农业总产值的48%。主要养殖畜种有牛、猪、羊、禽等。养牛业是美国畜牧行业的第一产业。养猪业是美国畜牧业的第二产业。80%以上为1000头以上的规模猪场。大的养猪场多达2万头以上。美国约有64%的国土面积为农业经营面积，其中2/3为牧草面积。

（1）高度集约化生产。目前，美国畜牧业的突出表现是高度集约化、机械化和专业化生产。企业倾向于更大规模、更专业化的猪、牛和禽类，并且行业分工非常明显。养牛、养猪和养鸡业均按行业分工养殖。行业内又可分为种畜（禽）农场、幼畜（禽）农场和肉畜（禽）农场。2005年美国100—499头规模的奶牛场有1.47万个，饲养全国30%的奶牛，500—999头规模的奶牛场有1700个，饲养全国12.8%的奶牛，规模1000头以上的奶牛场有1370个，饲养全国31.7%的奶牛。随着农场规模的扩大，大型农场越来越多，农场的总数量随之减少，少数的大农场、养殖场饲养着全国大部分的畜禽。1974年美国有奶牛场和养猪场约40万个和47万个，现在已减少到7.8万个和5.8万个，其中，规模在5000头以上的养猪场饲养全国55%的猪。[1] 97%以上的养牛农场为家庭农场机械化程度很高。从拌料、投料、挤奶、牛舍清扫等几乎全部机械化。养猪、养鸡方面的机械化程度也很高。以养猪业为例，专业养猪农场的数量不断减少，而平均规模日益扩大。

---

① 何晓红、马月辉：《由美国、澳大利亚、荷兰养殖业发展看我国畜牧业规模化养殖》，《中国畜牧兽医》2007年第4期。

（2）狠抓环保工作。美国有关部门在发展畜牧生产的同时，对环保工作极为重视。在养牛行业中已有45%的牛场参加了政府环保计划。64%的牛场参加了私人环保计划。根据1990年对100家牛场的调查，已有75%的牛场建立了人工粪池，80%的牛场建立了野生动物保护区，73%的牛场进行了水系开发治理，42%的牛场进行了草场植树。

（3）发挥协会作用。美国有关部门十分重视发挥民间协会在畜牧生产中的重要作用，如全美养牛协会是养牛行业的最大协会，有会员4万余名，有27个育种机构23万个种牛农场；全美养猪协会有会员8万余人，这些协会的主要工作有：推广政府环保计划，通过各种项目为农民提供培训、信息和示范，帮助农民开发市场，资助科研等工作。①

2. 法律法规

目前，美国畜牧业环境污染防治体系已基本成熟，建立了配套的政策、法律和标准，以及相应的行动措施。

养殖场污染类型包括点源污染和非点源污染两种。

点源污染：没有植被的密集的设备养殖、动物被圈养45天或一年以上、污染物排放必须满足国家污染物排放消除制度（NPDES）之排污许可证的要求（除非25年一遇、24小时连续降雨），以下三种饲养规模都属于点源性污染。

（1）存栏1000个动物单位以上，除非强降雨，养殖场不能直接排放污染物。

（2）存栏300个动物单位以上，除非强降雨，养殖场不能通过人工的管道直接排放污染物或向河流排放污染物。通过现场考察，美国环保署（以下简称 USEPA）的地方管理人员或有关项目的主任有权利决定任何规模的养殖场是否是点源污染。

（3）存栏300个（或以下）动物单位，通过人工的管道直接排

---

① 毛一波：《美国的畜牧业》，《浙江畜牧兽医》2000年第1期。

放污染物或往河流排放污染物，通过现场考察，EPA 的地方管理人员或有关项目的主任有权利决定任何规模的养殖场是否是点源污染。

各州的规定严于上述标准。若养殖业排放的废弃物，用于农业生产土壤改良和其他不造成污染的用途。排放不须满足环境污染排放许可的要求，不属于点源污染。

非点源污染：当密集饲养的设施被认定为点源性污染，其他潜在的农业污染源便是非点源性污染。

（1）联邦环境保护政策。美国主要通过严格细致的立法来防治养殖业污染。1972 年的《清洁水法》第四章规定建立国家污染物排放消除制度（简称 NPDES），主要目的在于控制点源的排放。规定任何排入美国天然水体的点源都必须获得由 EPA 或得到授权的州、地区、部落颁发的 NPDES 之排污许可证，否则即为非法。每个 NPDES 之排污许可证包含了一系列目前最佳可用技术的排放限值和达到标准的最后期限，以保护受纳水体的质量。[①]

1972 年的联邦政府净水方案及随后颁布的企业污染物排放制度对畜牧业生产规模给予了认真的考虑。比如，某一畜牧生产企业保有牲畜存栏头数在 1000 个畜牧单位以上（相当于 2500 头肉猪）；通过人为地修建排水渠或卫生设施将养猪粪便和废水排放到附近水域；由于牲畜本身或养猪设施与水体接触直接将污染物排入水域，上述条件满足其一者就被定义为集中饲养畜牧业。

美国在 1977 年的清洁水法里将工厂化养殖业与工业和城市设施一样视为点源性污染，排放必须达到国家污染物排放消除制度之排污许可标准。明确规定超过一定规模的畜禽养殖场建场必须报批，获得许可证，并严格执行国家环境政策法案。最初，联邦政府规定的企业污染物排放制度对饲养牲畜头数在 1000 个畜牧单位以上但不

---

① 韩冬梅：《中国水排污许可证制度设计研究》，博士学位论文，中国人民大学，2012 年。

向水域排放污染物的企业不需要领取排污许可证，因为这种企业不被认为是点污染源。净水法案于 1978 年进行了修改和补充。修改后的净水法案反映了政府对非点源污染控制方面的一些主张。集中畜牧饲养业的定义改为，任何畜牧饲养企业只要饲养牲畜数量在 1000 个畜牧单位以上就被认为是点污染源。

　　美国的非点源性污染主要是通过采取国家、州和民间社团制订的污染防治计划、示范项目、推广良好的生产实践、生产者的教育和培训等综合措施科学合理地利用养殖业废弃物。作为经济激励和劝说鼓励型手段的最佳管理实践（BMPs），BMPs 是指任何能够减少或预防水污染的方法、措施或操作程序。① 《清洁水法》在 319 条款专门规定主要使用最佳管理实践（BMPs）控制农业面源。② 美国 1987 年修改的水法还制定了非点源性污染防治规划。③

　　美国环保局的多项研究表明，农作物生产和畜牧业生产是美国最主要的非点污染源，并强烈要求美国国会除对既定的全国统一的排污许可证制度进行修改外，还需要在净水方案中增加农业环境污染的控制内容。因此，在后来的净水法案中加入了三部分主要针对解决农业环境污染问题的条款。第一，条款 208 要求各州政府制定出本州的水污染管理计划。在这个管理计划中应把牲畜粪便处理（包括将粪便施用到作物地里）过程中产生的营养径流看作是重要的非点源污染问题。第二，条款 305 要求各州政府每两年要对水的质量进行评价，将其评价结果报送美国环保局。第三，条款 319 主要是针对如何解决非点源污染问题。要求各州根据自己的实际情

_____

　　① Brian M. Dowd et al. Agricultural nonpoint source water pollution policy: The case of California's Central Coast [J]. Agriculture, Ecosystems and Environment, 2008 (128): 151 – 161.

　　② Agouridis C. T., Workman S. R., Warner R. C, et al. Livestock grazing management impacts on water quality: a review [J]. American Water Resources Association, 2005 (6): 591 – 606.

　　③ 嘉慧：《发达国家养殖污染的防治对策》，《山西农业：畜牧兽医版》2007 年第 7 期。

况，制定出相应的非点源污染控制计划，并与所制定的点源污染计划相结合来实现净水方案所规定的环境质量标准。

个别州政府也可以对饲养少于 1000 个畜牧单位的畜牧企业实行排污定额标准。比如，艾奥瓦州对养猪业环境污染制定了比联邦政府更加严格的政策。条款 319 主要是针对如何解决非点源污染问题。强调把那些不受全国排污许可证限制的畜牧饲养企业看作是非点源污染。但对如何控制这类非点源污染问题，联邦环保局还没有制定出具体的政策。要求各州根据自己的实际情况，制定出相应的非点源污染控制计划，并与制订的点源污染计划结合来实现《清洁水法》所规定的环境质量标准。①

（2）州环境保护政策。联邦政府政策只是对某些州的环境提出质量标准，但对实现这些环境质量标准，需要采取哪些政策措施，要靠州一级政府制定出较为详细的规章制度。此外，各州政府也有自己的环境保护法。部分州政府的环境保护法可能比联邦政府的法规更加严格。以艾奥瓦州为例，对畜舍建筑标准和获得畜牧业经营权制定了一系列的规章制度。对各种畜牧企业在生产过程中所采用的粪便、废水处理设施和操作程序提出了十分具体的要求。其具体规定包括：①牲畜数量在 1000 个单位以上的单位需要申请畜牧业经营许可证。②规定牲畜数量达到 200 个单位的、采用厌氧粪池作为粪便贮存设备的企业、采用地上粪便储存池技术、饲养 2000 个畜牧单位以上的企业需要申请建筑许可证。③粪便的土地利用限制。艾奥瓦州自然资源局（DNR）与水质量委员会对土地施用粪便标准提出具体指导性意见。如第一年每亩作物地施用氮肥的最大数量不得超过 400 磅，以后每年氮肥的施用量应控制在 250 磅以下等。水质量委员会明确规定州内各种生产企业在废物处理过程中不得对地表和地下水造成污染。④财政激励政策。土地管理局土壤保护处于 1993 年制订了农业有机营养管理计划。该计划的主要内容是对那些

---

① 王尔大：《美国畜牧业环境污染控制政策概述》，《世界经济》1998 年第 3 期。

治理农业环境污染感兴趣的农场主提供环境治理成本分摊资金。该计划的目的是对如何防止由养猪场引起的营养径流提供示范作用。

（3）地方环境管理条例。美国许多城市和县级政府制定的一系列的地方环境保护法构成继联邦政府和州政府环境法之后的第三层法规。区划和土地使用原则也对控制牲畜饲养数量提出了一系列的具体要求，以防止牲畜粪便的集中生产。地方区划把畜牧企业的规模与农场主所拥有的土地面积紧密地联系起来，即牲畜的饲养规模应该与拥有的土地面积相适应，以保证生产者有足够土地用于处理牲畜粪便。区域规划还明确指出在某些区域严禁经营畜牧业和其他某些农业生产活动。有些县政府还规定养猪者在修建猪舍之前交付一定数量的债券用于治理由环境污染可能带来的破坏后果。

3. 管理行动

EPA 专门设有点源和非点源污染的管理部门，用于点源性污染的控制方法与非点源性污染的控制方法不同，点源性污染的控制方法取决于收集和处理潜在的污染物；非点源污染则因为起源于分散、多样、隐蔽和随机性强、成因复杂且潜伏周期长的特点，治理的难度很大，污染控制可采取的措施是有限的。

点源性污染的防治是经过收集和处理技术使污染物达到排放许可证的要求，严格执行国家环境政策法案（NEPA），NEPA 建立一个程序用于计划编制提出较好的环境保护和改善的计划。养殖场的建设必须报批，进行环境评价，污染物排放必须达到排污许可证的要求。

1987 年修改了污染控制法，增加了 319 部分——非点源管理计划，该计划要求各州对非点源污染造成的水体污染进行监测和评价，准备或向 EPA 提供评价报告，联邦根据各州的评价报告，制订出水质管理计划并要求各州，提供良好的管理减少污染的计划方案，以便消除污染。法律规定联邦政府为各州提供完成这些计划费用的 60%。除联邦的资助外，各州也通过设立清洁河流项目专项经费支持一些控制非点源污染的试验项目。最后地方政府和河流管理当局利用联邦和地方的资金采用适合自己的非点源污染的防治计划。

（1）技术支持和项目资助。在美国有大量的渠道为动物养殖场的环境保护提供技术支持和项目资助。如美国农业部、环境保护总署、水土保持委员会以及一些基金会等。其目的就在于帮助动物养殖企业落实和进一步完善全面营养管理计划。通过提供技术支持，帮助动物养殖企业解决实际技术问题，项目资助则可解决有关设备如粪便存贮处理设备所需的费用或进行研究活动所需的经费。美国农业部给动物养殖企业提供资助的一个基本渠道是环境质量激励项目，该项目在 1996 年美国《农场法》中首次设立，对符合规定条件的企业也设立了保留贮备项目（CRP 项目）和小水域保护项目（PL83 – 566 项目）。1997 年和 1998 年环境质量激励项目资助金额达 2×10^8 美元，大约 45% 的资助用在这两年鼓励相关企业落实全面营养管理计划。PL83 – 566 项目 1997 年项目资金 8.6×10^7 美元，其中 2×10^7 美元用于治理水域计划和提高水质量。[1]

环境质量激励项目（The Environmental Quality Incentive Program，EQIP）：该项目是在 1996 年《联邦农业促进和改革法案》（Federal Agriculture Improvement and Reform）中确立的，项目的首要目标就是为生产者实现提高农产品产量和环境质量的双重目标提供资金和技术方面的支持。最开始（1997—2001 年）每年的项目资金仅为 2 亿美元，后来迅速增长，2002 年为 4 亿美元，到 2007 年达到 13 亿美元，2002—2007 年总资金额达到 58 亿美元，2008—2012 年资金预算为 72.5 亿美元。

在 EQIP 项目资金资助的领域中，畜禽粪便污染防治项目占了相当大的比例。[2]

①　张平：《美国畜禽养殖业废弃物的处理技术》，《湖北畜牧兽医》2000 年第 4 期。
②　金书秦：《发达国家控制农业面源污染经验借鉴》，《环境保护》2009 年第 10B 期。

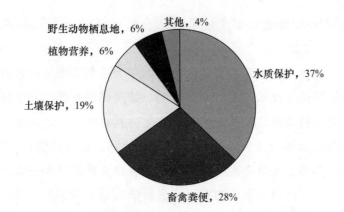

图 8 - 1   EQIP 项目资金资助方向（1997—2004）

资料来源：美国农业部经济研究局。

（2）财政支持政策。美国在政府基础性投入方面主要包括草场资源的保护、畜牧科技的支持和对农牧场主的支持。美国在 2002 年的新农业法中加大了对土地的保护补贴，其中很多方面都和畜牧业有关。在防治畜牧业环境问题方面，制定了帮助作物和畜牧生产者改善环境的环境质量激励计划，其中包括加大对新农场主或牧场主的资助力度，保留政府承担 75% 的环境保护费用分摊支付，但如果生产者资源有限或是刚起步的农场主或牧场主则允许 90% 的费用分摊率。

美国政府为了提高新农牧场主、青年农民和农业雇工等弱势群体的生存竞争能力，还在教育和推广服务中给予了特殊的关注。其中一项促进农牧场主发展计划主要致力于对新农牧场主、青年农民和农业雇工提供各种援助，为开展新农牧场主（经营农牧场 10 年或 10 年以下的）培训、教育、技能拓展和技术援助服务的机构提供经费支持。[1]

（3）重视农牧结合。除立法管理以外，美国还十分注重通过农牧结合来化解养殖业的污染问题。美国的大部分大型农场都是农牧

---

[1] 孙茜：《美国对畜牧业财政支持的政策及做法》，《山西农业》（畜牧兽医）2007年第 6 期。

结合型的，从种植制度安排到生产、销售等各个方面都十分重视种植业与养殖业的紧密联系，而且是养殖业规模决定着种植业结构的调整，养殖业与种植业之间在饲草、饲料、肥料 3 个物质经济体系形成相互促进、相互协调的关系，养殖场的动物粪便或通过输送管道或直接干燥固化成有机肥归还农田，既防止环境污染又提高了土壤的肥力。

（4）营养管理计划。在美国，由于企业倾向于更大规模、更专业化的猪、牛和禽类的养殖方式，来自畜禽粪便的营养物正在引起人们的关注。美国大约有 450000 个集约或规模化的养殖企业，其中，6600 多家拥有超过 1000 动物单位的企业都被纳入《清洁水法》的 CAFOs（Concentrated Animal Feeding operations，CAFOs）管理之下（USEPA，1998）。这些大型养殖企业要处理全国大部分的动物粪便（USEPA，1998）。CAFOs 引起的水质量问题有两个：①需要大量的、复杂的粪便处理和贮存系统；②CAFOs 往往缺乏足够的耕地用于播撒粪肥而不超过植物营养需要（Letson and Gollehon，1996）。过量施用粪肥会导致非点源污染。粪肥存放过程中出现泄漏引起污染的问题，或者过量施用对水质量带来负面影响的问题，正在引起人们的关注。按照《清洁水法》，CAFOs 作为点源来管理。所以，他们要获得 NPDES 许可证才能经营。但是这些许可规定并没有涉及废弃物在耕地或其他土地上的应用。当粪便储蓄罐爆满，这些东西就会被播撒到田野。播撒出去的量远远超过植物营养需要量，从而导致潜在的非点源污染问题。有许多州开始通过法律来解决这个问题，尤其是那些没有纳入 CAFOs 计划的散养或小规模动物养殖所产生的动物废弃物问题。一个通用的办法是对废弃物的施用执行营养管理计划。目前，已经有 23 个州实施了各种形式的营养管理计划。[①]

------

① 邱君：《中国农业污染治理的政策分析》，博士学位论文，中国农业科学院，2007 年。

二 欧盟畜禽养殖业污染治理

20 世纪 70 年代以来，养殖业和种植业结合性的农场减少了
1/3，农场总数减少了 5% 以上。这些专业化农场所使用的农业用地
同期也减少，造成农场应用的粪便超过了土壤的吸纳能力，长期以
来对环境造成影响。由于欧盟的养殖业主要是农牧结合型，集约化
程度不高，不形成污染物的集中排放。所以，关于欧盟的养殖业污
染一般被理解为非点源污染。[①]

1. 法律法规

20 世纪 90 年代，欧盟各成员国通过了新的环境法，规定了每
公顷动物单位（载畜量）标准、畜禽粪便废水用于农用的限量标准
和动物福利（圈养家畜和家禽密度标准），鼓励进行粗放式畜牧养
殖，限制养殖规模的扩大，凡是遵守欧盟规定的牧民和养殖户都可
获得养殖补贴。据农场的耕作面积安装粪便处理设备，通过减少载
畜量、选择适当的作物品种、减少无机肥料的使用、合理施肥等良
好的农业实践减少对环境造成的负面影响。[②]

荷兰是世界上畜产品出口量最多的国家之一，其高度集约化的
畜牧业生产所产生的废料是导致农业污染的重要方面。加入欧盟
后，在畜禽粪便治理相关政策制定方面经历了三个阶段：1984—
1990 年的限制畜牧养殖生产扩大化阶段。从 1984 年起，不再允许
养殖户扩大经营规模，并通过立法规定每公顷 25 个畜单位，超过该
指标农场主必须交纳粪便费。立法 10 年来，农场数量增加，但规模
缩小；1990—1998 年的减轻粪便负担阶段，通过政府资助方式将大
量畜禽粪便输送到土地贫瘠地区；1998 年以后以执行矿物元素统计
报告制度（MINAS）为基础，将粪便排泄量与税费缴纳相挂钩。政

---

① 沈跃：《国内外控制养殖业污染的措施及建议》，《黑龙江畜牧兽医》2005 年第 5
期。

② 孙丽欣、丁欣、张汝飞：《国外农村环保政策经验及我国农村环保政策体系构
建》，《中国水土保持》2012 年第 2 期。

策实施 15 年以来，平均氮磷排放量减少了 50%。① 近几年的立法正根据土壤类型和作物情况，逐步规定畜禽粪便每公顷施入土地中的量。如 1987 年规定应根据农田中磷酸盐含量确定畜禽粪便最大施用量。每年用于草地的 P_2O_5 不能超过 200kg/ha。另外，荷兰还开发了一套粪肥交易系统，借此农民可以买入和卖出粪肥处置权，拥有"闲置容量"面积的农民，可以将自己的施肥权出售给有需要的农民。目前，荷兰的大中型农场分散在全国 13.7 万个家庭，产生的畜禽粪便基本由农场进行消化。②

丹麦为了减少畜禽粪便污染，也规定了每公顷土地可容纳的粪便量，确定畜禽最高密度指标；并规定施入裸露土地上的粪肥必须在施用后 12 小时内犁入土壤中，在冻土或被雪覆盖的土地上不得施用粪便，每个农场的储粪能力要达到储纳 9 个月的产粪量。

英国的畜牧业远离大城市，与农业生产紧密结合。英国为了防止畜禽粪便污染，1971 年立法规定，直接将粪便排到地表水中为非法行为。经过处理后，畜禽粪便全部作为肥料，既避免了环境污染，又提高了土壤肥力。为了让畜禽粪便与土地的消化能力相适应，英国限制建立大型畜牧场，规定 1 个畜牧场最高头数限制指标为奶牛 200 头、肉牛 1000 头、种猪 500 头、肥猪 3000 头、绵羊 1000 只和蛋鸡 7000 只。英国于 1987 年颁布水清洁法案，控制畜禽粪便流失。③

德国对集约化畜禽养殖场的管理要求甚至严于工厂，不仅在建设前设有较高的环境政策门槛，还通过限定每个畜禽养殖场年产生的粪肥中 N、P、S 总量来控制其生产规模，甚至规定畜禽养殖场必须在冬季减少存栏量以适应环境容量的季节变化。规定畜禽粪便不

---

① 王占红、张世伟：《发展低碳畜牧业之拙议》，《现代畜牧兽医》2011 年第 2 期。

② Edwards A. C., Withers P. J. A. Soil phosphorus management and water quality: a UK perspective [J]. Soil Use and Management, 1998, 14 (Suppl): 124 – 130.

③ Smith K. A., Chalmers A. G., Chambers B. J., et al. Organic manure phosphorus accumulation, mobility and management [J]. Soil Use and Management, 1998, 14 (Suppl): 154 – 159.

经处理不得排入地下水源或地面。凡是与供应城市或公用饮水有关的区域，每公顷土地上家畜的最大允许饲养量不得超过规定数最：即牛 3—9 头、马 3—9 匹、羊 18 只、猪 9—15 头、鸡 1900—3000 只、鸭 450 只。

2. 管理实践

（1）制定和执行限定性农业生产技术标准。在面源污染严重的水域，制定和执行限定性农业生产技术标准，实施源头控制，是减少农业面源污染最有效的措施。目前，欧美国家用于控制畜禽业引起面源污染的技术标准主要包括：①要求畜禽场就近配有足够的农田，以便保证在环境安全的前提下，消纳畜禽粪便（每公顷耕地 1.5 个畜单位，大约相当于 15 头猪 1 公顷耕地）；②要求畜禽场固液废弃物化粪池的容量达到可存放 6 个月排出的固液废弃物；③要求化粪池密封性好，不会产生径流和侧渗。

（2）制定畜禽场农田最低配置。对面源污染中不同的类型，如城区面源、农田面源、畜禽场面源分别进行分类控制。即使在对农民有巨额补贴的欧洲国家，能够采用污水处理设备的畜禽养殖场也很少，为此畜禽场面源控制主要通过制定畜禽场农田最低配置（指畜禽场饲养量必须与周边可蓄纳畜禽粪便的农田面积相匹配）、畜禽场化粪池容量、密封性等方面的规定进行。管理部门在进行监控时，主要不是检查农村畜禽场排放污水是否达标，而是重点检查农田最低配置、畜禽场化粪池容量等，实际上，在这些指标达标的条件下，极少会发生畜禽场的场地径流。[①]

（3）实施种养区域平衡一体化。发达国家发展畜禽养殖业绝大多数属于既养畜又种田的模式，有充足的土地可以消化利用畜禽粪便。如荷兰全国只有 4 个大型农场，整个农业、畜牧业分散在全国 13.7 万个家庭农场，农场产生的畜禽粪便自身进行消化；丹麦则靠

---

① 张维理、冀宏杰等：《中国农业面源污染形势估计及控制对策Ⅱ. 欧美国家农业面源污染状况及控制》，《中国农业科学》2004 年第 7 期。

全国 8 万个既种粮又养畜的自耕农。①

三　其他国家畜禽养殖业污染治理

1950 年始日本开始推广集约化养殖，在各大城市郊区新建了大量集约化畜禽养殖场，致使大量含粪尿污水排入天然水体造成严重的环境污染，1960 年后日本用"畜产公害"概念描述这一污染的严重性。20 世纪 70 年代，日本养殖业造成的环境污染十分严重，此后日本便制定《废弃物处理与消除法》《防止水污染法》和《恶臭防止法》等 7 部法律，对畜禽污染防治和管理做了明确的规定。如《废弃物处理与消除法》规定，在城镇等人口密集地区，畜禽粪便必须经过处理，处理方法有发酵法、干燥或焚烧法、化学处理法、设施处理法等。《防止水污染法》则规定了畜禽场的污水排放标准，即畜禽场养殖规模达到一定的程度（养猪超过 2000 头、养牛超过 800 头、养马超过 2000 匹）时，排出的污水必须经过处理，并符合规定要求。《恶臭防止法》中规定畜禽粪便产生的腐臭气中 8 种污染物的浓度不得超过工业废气浓度。为防治养殖业污染，日本政府还实行了鼓励养殖企业保护环境的政策，即养殖场环保处理设施建设费 50% 来自国家财政补贴，25% 来自都道府县，农户仅支付 25% 的建设费和运行费用。

加拿大国土辽阔、畜禽饲养量少，土地承载负担轻，但畜禽养殖场主都有很强的环境保护意识，这主要得益于各级政府农业部门、畜牧行业协会长期以来采取的有力措施。加拿大的各省都制定了畜禽养殖环境管理的法律和相关技术规范，畜禽养殖场必须按畜禽养殖业技术规范的要求对养殖场的环境进行管理。畜禽养殖业环境管理技术规范对畜禽养殖场的选址及建设、畜禽粪便的储存与土地使用进行了严格细致的规定。例如，新建的畜禽养殖场距邻近建筑的最小间隔距离必须达到要求，不允许家畜接触到河流。存栏畜

---

① 李远、单正军、徐德徽：《我国畜禽养殖业的环境影响与管理政策初探》，《中国生态农业学报》2002 年第 6 期。

禽超过300AU（动物单位，1头肥育猪为0.14个动物单位）需定期上报饲养畜禽情况和场内水、土壤样品。畜禽粪尿、尸体贮存场所的建设也需政府颁发许可，由专业人员设计，建设地点距离水源100米以上，并考虑地下水、洪水发生可能和土壤渗透性等情况。畜禽养殖产生的粪便不能直排，所有固体和液体粪便应作为肥料施用于农田，施肥季节和用量也有明确限定。政府每年到养殖场取深井水样检查粪便污染情况，如违反规定造成环境污染事故，将处以重罚。由于加拿大对养殖业污染的治理以畜禽粪便的土地消化利用为主，禁止将畜禽养殖场污水排放到河流中，粪尿一般就在以畜禽场为中心的有限范围内就近施用，大部分养殖场（约90%）将产生的液体稀粪集纳熟化后直接还田使用，无须在污水处理上投入大量资金。畜禽养殖业环境管理的技术规范对畜禽养殖场的污染技术指导极为重要，如果畜禽养殖场违反规范要求造成环境污染事故，将由加拿大的地方环境保护部门依据《联邦渔业法》及本省的有关法规（如安大略省《环境保护法》《水资源法》）的有关条款对产生的污染事故进行处罚。① 同时行业协会在畜禽养殖环保技术的普及和推广方面也起到了极大的作用。这些行业协会由养殖场主自发组织、成立，长期开展养殖对环境影响的研究和服务工作。为养殖者提供养殖技术和环保信息，引导养殖者实施健康、清洁的养殖方式。

第三节　本章小结

美国、欧盟、日本等发达经济体在治理农业面源污染方面的经验，对于我国有如下启示：

一是健全污染防治立法，细化法律条款。发达国家和地区在畜

---

① 刘炜：《加拿大畜牧业清洁养殖特点及启示》，《中国牧业通讯》2008年第10期。

牧和畜禽养殖污染控制方面普遍都建立了配套的政策、法律和标准，也建立了各项行动计划。我国目前相关法律法规尚不健全，应加快畜禽养殖污染控制相关法律法规体系构建，制定和完善相关环境标准和排放标准。针对两种不同性质的污染类型（点源、非点源）制定相应的政策和管理规划。

二是按不同规模，分类管理。从国外经验看，发达国家和地区对畜牧养殖业污染大都按照不同规模分成点源和非点源，并进行分类管理。点源污染应实现连续达标排放；非点源污染按国家养殖业非点源污染防治规划建立各级政府的非点源污染管理计划，完善非点源污染的监测、普查和评估体系。实施流域综合管理计划。中国农牧业资源的特点是人多地少，因此无法像美国那样发展土地密集型畜牧业，农村金融短缺，也无法像日本那样搞资本密集型畜牧业。根据比较优势，只能扬长避短地发展劳动密集型畜牧业。发展适度规模养殖，且生产主体以农户家庭经营为主。

三是合理进行地区养殖规划，兼顾生态环境。发达国家，尤其是欧盟国家普遍重视种养结合的方式。考虑养殖业的发展趋势以及我国养殖业的特点，可以借鉴欧盟国家首先推行的"种养平衡区域一体化"畜禽养殖业方式。结合地区植被资源、农田面积、交通运输、粮食供应和人力资源等情况综合规划地区载畜量。现阶段这种种养平衡至少应在养殖场层次实现，在大中型集约化畜禽养殖场推广建立施用有机肥的绿色农作物种植基地，并实施相关优惠政策，使施用有机肥的绿色产品获得丰厚的市场回报。

四是加大财政支持和投入，采用激励和奖励的手段。发达国家对畜禽污染防治的财政支持很大，农业或农村环境污染治理仅仅依靠企业或农户的积极性是远远不够的，过分强调治理工程的经济效益也值得商榷，我国政府应加大在农村污染治理方面的投入力度。美国关于农业面源污染有较完备的政府环保计划，民间也有一些私人的环保计划，通过各种项目为农民提供信息、培训和示范，帮助农民开发市场、资助科研等。中国目前应加大防污治污方面的宣传力度，培养农村基层农民的环境保护意识，真正将畜禽生产与环境保护之间的利害关系深入人心，使"生态化"畜牧业成为未来发展趋势。

五是畜禽粪便资源化利用。向农业生产提供优质高效的有机肥源，是发达国家普遍采用的方式。对集约化养殖业畜禽粪便进行无害化处理，制成多效性有机生物肥料应用于农业生产。美国明尼苏达州农场利用家禽粪便和农场垃圾发电，不仅解决了垃圾处理问题，还变废为宝，为广大住户提供了新能源。德国和日本等发达国家自 1970 年始即推广综合利用方式，大力扶持农牧兼营的大中型畜禽养殖场，将畜禽粪便进行无害化处理后用作农田肥料，做到污染内部"消化"。

六是严格养殖污染的末端处理监管。尤其对于集约式养殖业来说，严格的末端处理和监管仍然是必不可少的。发达国家普遍对其采用工业污染治理的环境管理措施，确保其排放符合环境标准。养殖业废水的污染负荷极高，直接采用生物处理，费用十分可观。可以通过沼气化、酸化、沉淀后，再利用水生生物塘及土地处理系统对其进行末端处理。

七是加强对畜禽污染的环境监测工作。畜禽业的迅速发展，对区域环境质量产生严重影响，一些地区的地表水和地下水已产生了严重污染，但我国至今还没有开展过畜禽对环境污染的典型污染监测，影响了对畜禽污染管理工作的开展。因此，选择一些典型畜禽养殖场，通过开展畜禽污染现状的调查，对强化我国畜禽污染的科学管理将起到一定作用。

第九章 研究总结：农户技术选择、政策安排与面源污染防治

第一节 研究结论

在提出政策建议之前，先对本书的主要结论进行总结：

第一，关于农户施肥行为与农业面源污染之间的关系。从科学上来讲，农户行为造成农业面源污染，直至产生环境影响，中间有多个环节，例如农户施肥，作物吸收之外的部分，要经过土壤消纳、雨水淋溶，经地表径流或渗透，进入地表或地下水体，形成水体污染，其对水体环境质量的冲击同时还受到水量的影响。

本书对淮河的实证研究表明，施肥行为与水质超标并无必然联系。降水量、农业生产活动与水质变化具有动态相关性，但这种相关性具有明显的区域差异，表现为：在水质常年超标的重度污染断面，降水携带的农业面源污染物对水体污染物浓度没有明显的影响，据此判断，重度污染区域水体污染常年超标的原因是工业和城镇点源污染物排放；在水质常年达标的无污染断面，降水的增加会显著提升水体污染物浓度，但尚不足以造成水质超标；在中度污染断面，降水所带入的农业面源污染物会显著提升水体污染物浓度，对水环境质量恶化有较大贡献；在轻度污染断面，降水所带来的农业面源污染物也会显著提升污染物浓度，但大部分时间断面水质还是处于达标状态。

从宏观数据的分析来看，近年来化肥用量增加的主要贡献者是蔬菜，而非粮食作物，且主因是施用强度的上升。因此化肥减量的主要对象是蔬菜作物，且首要的是稳定和降低化肥施用强度。

第二，关于农户的农药施用行为与信任、信息之间的关系。在农技推广服务匮乏的情况下，农药经销商是农户用药信息的最重要来源。农户的最终决策主要受两方面因素影响：一是他们获得的用药信息；二是他们对该信息的信任程度。信息失真和信任缺失都可能造成农药的过度使用。研究显示：不同的经销商获得和传递信息的渠道和方式也不同；村级经销商为了维持与村民的信赖关系，可能故意放大农药的推荐用量，导致过度使用；县、乡镇经销商故意扭曲信息的倾向较小，但是由于农户对其信任度低，也会导致农药过度使用；合作社在传递准确信息和高度信任两个方面都体现出优势，合作社农户的农药用量最低。

第三，关于畜禽粪便资源化利用。畜禽粪便资源化利用程度较低的主要原因是种养分离。在具体的资源化利用方式上既有政策制约也有技术制约。例如在政策层面，对有机肥的补贴力度不够导致有机肥生产者和使用者积极性都不高；在技术层面，沼气池产气率低、调气不便等技术障碍也影响了农户利用畜禽粪便的积极性。

全面构建农业面源污染防治政策框架，必须基于当前和今后一个时期我国的国情和农情，因此，下文将对农业面源污染治理面临的挑战和机遇进行分析。

第二节　农业面源污染治理面临的机遇和挑战

一　农业面源污染治理面临的历史性机遇

当前，我国农业发展面临已经进入生产成本地板抬升、农产品价格天花板挤压，同时资源环境约束加剧的新时期。在压力的倒逼下，治理农业面源、实现农业的可持续发展也具备了"社会有共识、中央有决心、转型有要求、粮食有保障"的历史性机遇。

第一，治理农业面源污染具有广泛的社会共识。近年来，垃圾围城、雾霾锁国、饮水危机以及农产品质量安全等一系列与环境相关事件的发生，损害了公众健康，但也唤醒了公众的环境意识，更增强了中央"铁腕治污"的决心。对环境问题的关注达到前所未有的高度，可以说加强环境保护是全民心声的最大公约数之一。

第二，中央建设生态文明、"铁腕治污"的决心越来越被强化。在中央的政治话语体系中，生态文明已经成为提及频率极高且不断被强化的重要概念。2005 年，中央人口资源环境工作座谈会上，胡锦涛首次提及了"生态文明"，当时的生态文明主要是指切实加强生态保护和建设工作。2007 年，党的十七大把建设生态文明列为全面建设小康社会目标之一、作为一项战略任务确定下来，提出要基本形成节约能源资源和保护生态环境的产业结构、增长方式、消费模式，推动全社会牢固树立生态文明观念。2009 年，党的十七届四中全会把生态文明建设提升到与经济建设、政治建设、文化建设、社会建设并列的战略高度，作为中国特色社会主义事业总体布局的有机组成部分。2010 年，党的十七届五中全会提出要把"绿色发展，建设资源节约型、环境友好型社会"，"提高生态文明水平"作为"十二五"时期的重要战略任务。2012 年，党的十八大将生态文明建设纳入"五位一体"（经济建设、政治建设、文化建设、社会建设、生态文明建设）的总体布局，反映了党在治国理念上对生态环境保护的重视。党的十八届三中全会《中共中央关于全面深化改革若干重大问题的决定》中用专章强调"加快生态文明制度建设"。2015 年 3 月 24 日中央政治局会议审议通过《关于加快推进生态文明建设的意见》，首次将过去的"四化同步"（新型工业化、城镇化、信息化、农业现代化同步发展）扩展为"五化同步"，增加了绿色化。

第三，治理农业面源是农业绿色转型实现可持续发展的内在需求。早在 2011 年，时任总理温家宝就指出：资源紧缺、成本上涨、环境污染和生态退化等问题已经成为农业稳定发展的重要制约。因此，节约农业资源、保护农村环境是克服资源环境约束、降低农业生产成本的迫切需求。过去，我们的农业发展目标是养活世界上最庞大的人口群体，因此高产是主要目标；逐渐地，人们越来越注重农产品的质量，农业发展的目标不仅是让人们吃饱，也要吃好，因此提出优质的要求；现在，随着环境问题的突出，公众环境意识的觉醒，在吃饱、吃好的情况下，要求资源投入更加高效，生态环境得到保护，因此高效、生态、安全也成为现代农业的基本要求。所以，党的十七届三中全会明确提出，发展现代农业，必须按照高产、优质、高效、生态、安全的要求，加快转变农业发展方式。当前，农业现代化的目标又进一步丰富为：产出高效、产品安全、资源节约、环境友好。这里面有三方面的要求：一是对产量的要求，要保障主要农产品的高效、有效供给；二是对质量的要求，要保证农产品质量安全；三是对生态环境的要求，要符合环境友好资源节约。

第四，粮食安全有保障。自 2004 年以来，在一系列强农惠农政策的支持下，我国农业综合生产能力稳步提升，粮食生产实现历史性的"十一连增"，农民收入增长实现"十一连快"，2014 年全国粮食总产达到 12142 亿斤，连续 4 年超过 11000 亿斤，我国粮食综合生产能力稳定跃上新台阶，完全可以确保"谷物基本自给，口粮绝对安全"的粮食安全目标。

二 农业面源污染治理面临的持久性挑战

一是我国人口在一定时期内仍将持续增长。根据蔡昉（2010）的预测，中国人口总规模在一段时间内仍将保持平稳增长态势，预计在 2030 年达到峰值，届时中国人口为 14.62 亿。[①] 因此，可以预计随着人口的增长，我国对农产品的需求也将不断增长。

---

① 蔡昉：《人口转变、人口红利与刘易斯转折点》，《经济研究》2010 年第 4 期。

从过去趋势和未来客观需求来看，如果不采取有力的政策干预，中国的化肥施用总量还将持续增加。本书根据已获得的 1980—2010 年化肥用量数据，分别以过去 30 年（1980—2010）、20 年（1990—2010）、10 年（2000—2010）平均增长速度估算我国农用化肥总量，见图 9 – 1。

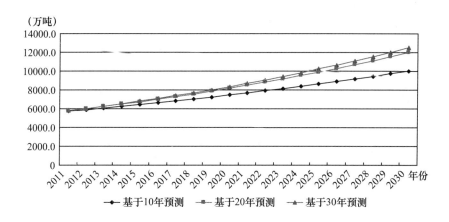

图 9 – 1　基于平均增长率的化肥用量预测

过去 30 年，中国的化肥使用的年平均增长率为 4.14%。按此速度估算，预计到 2015 年，我国化肥用量将为 6814 万吨；2020 年为 8348 万吨；2025 年为 10227 万吨，首次过亿；2030 年为 12529 万吨。

过去 20 年，中国的化肥使用的年平均增长率为 3.92%。按此速度估算，预计到 2015 年，我国化肥用量为 6740 万吨；2026 年首次过亿吨，为 10287 万吨；2030 年为 11996 万吨。

过去 10 年，中国化肥使用的年平均增长率为 2.98%。按此速度估算，预计到 2015 年，我国化肥用量为 6442.5 万吨；化肥用量过亿吨的年份推迟到 2030 年，为 10014 万吨。

以上预测只是基于化肥增长的"惯性"，当前，我国正在深入推进化肥用量"零增长"，正是克服这种增长"惯性"，足见难度之大。

二是我国农业环境保护面临三重滞后。相比工业减排而言，农业领域减排面临几方面的特殊挑战：其一，保障农产品供给和农民增收的客观需求仍然存在，不能以损失农业发展为代价进行环境保护；其二，农业减排基础薄弱，无论从政策法规的完善性和技术的可用性来讲，我国的农业污染治理基础都十分薄弱；其三，农业排放自身具有分散、隐蔽等特性，这给监管和治理都带来难度。我国农业农村环境保护基础十分薄弱，面临三重滞后性。

第一，农业（农村）经济发展落后于国民经济整体和城市（工业）经济发展。最为直观的反映就是城乡居民收入差异，1991 年城乡居民收入比为 2.40：1；2002 年收入差异首次扩大到 3 以上，为 3.11：1；2009 年达到最高，为 3.33：1；2011 年为 3.13：1。2011 年城乡居民收入差距绝对数为 14832.5 元。

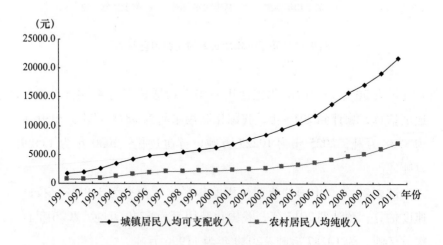

图 9-2 城乡居民收入差异

资料来源：《中国统计年鉴》。

第二，国家的环境保护工作滞后于经济增长速度。过去的 30 多年来，中国经济的接近 10% 的平均速度增长，但是环境保护却一直处于"欠账"水平。根据国家统计年鉴自 2000 年以来的记载，我国环境污染治理投资占国内生产总值比例基本在 1.3% 左右。尽管我们一直试图"跨越式发展"，但是我国的环境保护投入却远低于那些走"先污染，后治理"道路的发达国家，它们的环保投入基本都在 2% 以上。从环境污染治理投资占 GDP 比例来看，我国目前只接近于俄罗斯 2000 年的水平。

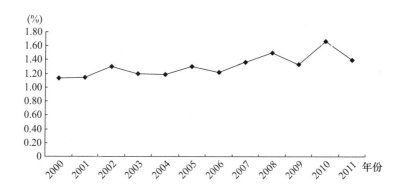

图 9 - 3　环境污染治理投资占 GDP 比例

资料来源：《中国统计年鉴》。

第三，农业农村环境保护落后于工业环境保护水平。到目前为止，我国环境保护工作的主要对象仍然是城市和工业领域，农业农村环境保护从政策安排、机构设置、资金投入等各方面都很薄弱。

第三节　加强农业面源污染防治的政策建议

针对具体问题（化肥、农药、畜禽粪便、农药包装）的政策建议已经在相应的章节分别给出，这里不再重复。本节则更多从整体层面，对农业面源污染政策的顶层设计思路、方向提供参考建议。政策的主体是政府，但隐含着对农户技术选择行为的引导和激励。

基于我国农业面源污染防治工作的现实和形势，今后的污染防治工作应主要遵循以下思路。

第一，农业面源和工业点源治理并不是非此即彼的关系，要"两手"齐抓，并且首要的是遏制工业污染向农业转移的趋势。一方面，工业和城市污染持续向农村转移，农民用受到污染的水进行农业生产，既影响农业持续生产能力，又影响农产品品质。另一方面，农民在经济上处于弱势地位，在环境权益诉讼、健康保护等方面均处于劣势，理应受到更多的保护。因此，保护农村环境，首先要遏制工业和城市污染向农村转移的趋势，在工业和城市领域，严格执行国家的环境保护政策，确保工业企业的连续达标排放。

第二，现阶段必须在推动农业农村稳定可持续发展的前提下寻求面源污染治理的解决方案。任何抛开粮食安全与农民增收这两个议题谈论面源污染治理问题没有现实意义。也就是说，未来应当走农业环境政策一体化的道路，相关政策既要有利于促进农业农村发展，也要考虑环境保护，实现发展与保护的"双赢"。特别是未来农业政策的出台，应当充分考虑其环境效果，因为政策一旦被付诸实施，其意义不仅限于政策所直接指向的目标，而且会成为一种公众期望的引导，为了符合公众期望，政策必须具有一定的延续性。因此政策起点的正确性非常重要，否则将在路径依赖中一直饱尝该项政策所带来的不良副作用。

第三，面源污染防治的制度设计应当以正面激励为主，规制约束为辅。农民收入低、贡献大，且若非技术所限，农民并没有排污的动机。农业是国家的基础产业，具有正的外部性，因此在农业面源领域不能教条地使用"污染者付费"的原则，农村环保投入应当成为"工业反哺农业，城市支持农村"的抓手之一。制度设计与政策选择的基本方向应以正面激励为主，例如对农户使用环境友好型投入品或技术进行补贴或奖励；规制为辅，如对高毒农药使用进行限制或禁止。

第四，长期而言，技术进步和制度创新仍然是解决面源污染问题的根本途径。未来对于农业技术的研发和推广应当具有相当的甄别，在对一项农业技术或一套生产模式进行评价时，环境友好应当成为众多标准中非常重要的选项。在制度建设方面，对于农业环境保护而言，制度变迁的主要动力或者阻力往往外生于农业本身，例如人口增长对农产品需求的增加。因此要解决农业面源污染问题，一方面，农业自身的发展应当朝着环境友好的方向改进，更为重要的是，整个社会的制度安排也应考虑到农业环境的承载能力，在市场引导、社会信任体系完善等方面为农业的可持续发展营造良好的制度环境。

今后一个时期，治理农业面源污染，要多措并举。完善农业环境治理的政策体系，是依法治污的先决条件；加强农业环境治理能力建设，是履行好依法治污的保障；采取切实行动，是缓解当务之急的迫切要求。

在政策完善和创设方面要有序推进农业环境治理的政策完善。一是针对一些相关工作已经启动多年的法律法规，要根据最新形势变化，加紧完成制、修订工作，例如《土壤污染防治法》的制定工作。二是贯彻落实新的《环境保护法》第 33 条、第 49 条、第 50 条等相关条款的要求，将农业农村环境保护工作纳入地方政府政绩考核内容，加大财政预算在农业环境治理方面的投入；完善《畜禽规模养殖污染防治条例》的配套政策，尽快出台细则或针对一些执行中疑问较多的条款做出权威解释，例如畜禽粪便直接还田是属于综合利用还是污染排放行为？此外，还要考虑《畜禽养殖业污染物排放标准》（GB 18596—2001）的适用性和标准更新问题。三是针对一些呼声比较高的法律法规制定工作，要启动研究工作。例如《农业资源环境保护条例》《耕地质量保护条例》等，要梳理已有法律法规中相关内容的全面性和包容性，研究出台新条例的必要性和可行性。如工作确有必要，又限于立法程序，可以先从部门规章层面做起。四是在近期政策安排上，研究出台以农业农村环境保护为主题的中央一号文件，全面、系统地部署我国农业生态环境保护工

作，有效解决制约我国农业可持续发展的资源环境约束。贯彻实施
《农业可持续发展规划（2015—2030）》和《农业环境突出问题治
理总体规划（2014—2018）》，从源头控制、过程拦截和末端治理等
环节入手，以典型农业流域和主要农区为重点示范区，系统设计农
业面源污染治理各项工程的总体布局，细化各项工程建设内容，分
阶段、分区域推进农业面源污染防治工作。

在能力建设上，要强化农业环境治理和农业技术推广两支队伍
体系。一方面，要强化农业环境治理队伍体系。建议在中央层面，
应当强化农业和环保两个部门在农业农村环境保护方面的职能。在
一时还难以实现大部制的情况下，首先，要在国务院层面厘清环保
和农业两个主要部门的职能分工，环保部门主要负责农村环境质量
的监督管理，以及农业环境治理行为的核查和评价等工作，农业部
门则负责实施具体的治理和保护措施。其次，在部门层面，要强化
农业农村环境管理机构，以履行其应有的职能，国家环境保护部门
首先要加强对工业和城市环境治理，遏制污染向农业农村转移，做
好农村环境质量的监督和守护人。农业部则可设立农业资源环境保
护局，作为综合司局，协调部内各专业司局预防和减少农业生产环
节所产生的环境污染问题。省、县层面参照中央设立相应机构。到
乡镇基层，则可以率先进行"大部制"探索，建立农村资源环境保
护综合管理站，统筹行使已有的农业、林业、水利、环保等职能。
另一方面，要继续强化基层农技推广服务体系，积极推进农业清洁
生产技术应用。以地膜回收利用、畜禽清洁养殖和种植业清洁生产
技术等为突破口，推进农业废弃物资源循环利用，发展清洁种植，
减少不合理水、肥、药、能等资源消耗，从源头减排污染物；全面
开展测土配方施肥，积极推广保护性耕作、化学农药替代、化肥机
械化深施、精准化施肥和水肥一体化等控源减排技术，推进农家
肥、畜禽粪便等有机肥料资源的综合利用，提高肥料利用率。

在当前社会关注度高、转型压力大、政策和能力建设尚需时日
的情况下，要立即采取一系列果断行动，以缓解面源污染日益严

峻、广受诟病的现状。结合农业生产的污染来源和农业产地环境保护要求，提出五方面行动建议：一是调整农业补贴方向，已有的农资综合直补重点向有机肥、缓释肥、低毒高效低残留农药、生物农药等领域倾斜，加大对测土配方施肥的推广力度。二是启动农膜以旧换新补贴，可以率先在西北、新疆等缺水地区启动示范。三是启动秸秆还田补助，可以先从水稻秸秆开始，按照每亩补助 20 元，约需 90 亿元，资金需求并不大。四是继续加大和完善对规模养殖场沼气建设、有机肥的补贴；引入市场机制，推行养殖小区粪污的第三方集中处理。五是建立农业生态补偿基金，主要用于土壤质量保护工作，基金的来源可以考虑从土地出让金中提取。

参考文献

［1］ 蔡昉：《人口转变、人口红利与刘易斯转折点》，《经济研究》
2010 年第 4 期。

［2］ 蔡守秋：《环境政策学》，科学出版社 2009 年版。

［3］ 常进雄：《中国农业发展过程中的生物多样性影响及一体化途
径》，《中国人口·资源与环境》2003 年第 3 期。

［4］ 常向阳、姚华锋：《农业技术选择影响因素的实证分析》，《中
国农村经济》2005 年第 10 期。

［5］ 陈波、虞云娅、刘健、毛驾程：《畜禽养殖清洁生产技术研究
与应用》，《今日科技》2006 年第 5 期。

［6］ 陈超、周宁：《农民文化素质的差异对农业生产和技术选择渠
道的影响：基于全国十省农民调查问卷的分析》，《中国农村经
济》2007 年第 9 期。

［7］ 陈春生：《中国农户的演化逻辑与分类》，《农业经济问题》
2007 年第 11 期。

［8］ 陈宏金、方勇：《农业清洁生产的内涵和技术体系》，《江西农
业大学学报》（社会科学版）2004 年第 1 期。

［9］ 陈如明、高学运：《实用畜禽养殖技术》，山东科学技术出版社
1991 年版。

［10］ 陈锡文：《不否定家庭承包经营制度土地流转尊重农民主体地
位》，新华网，http：//news. xinhuanet. com/politics/2013 – 01/
31/c_ 124307818. htm，2013。

［11］ 陈锡文：《陈锡文谈农业经营问题》，《林业经济》2011 年第

3 期。

[12] 陈懿：《对完善中国农村环境法制的建议》，《世界环境》
2008 年第 5 期。

[13] 程兵：《规模化畜禽养殖场污染防治综合对策》，《当代畜牧》
2013 年第 11 期。

[14] 仇焕广、严健标、蔡亚庆、李瑾：《我国专业畜禽养殖的污染
排放与治理对策分析》，《农业技术经济》2012 年第 5 期。

[15] 邓家琼：《农业技术绩效评价标准的变迁及启示》，《科学学
与科学技术管理》2008 年第 10 期。

[16] 董文兵：《从十个中央一号文件看 30 年农村改革》，《中国石
油大学学报》（社会科学版）2008 年第 6 期。

[17] 杜润生：《杜润生文集（1980—1998）》，山西经济出版社
1998 年版。

[18] 段武德：《农牧渔业部环境保护委员会正式成立并举行第一次
会议》，《农业环境科学学报》1985 年第 4 期。

[19] 费孝通：《乡土中国》，人民出版社 2008 年版。

[20] 冯向东：《略论乡镇工业引起的生态问题与整治对策》，《生
态学杂志》1989 年第 5 期。

[21] 冯忠泽、李庆江：《消费者农产品质量安全认知及影响因素分
析——基于全国 7 省 9 市的实证分析》，《中国农村经济》
2008 年第 1 期。

[22] 高怀友：《中国农业环境保护工作现状》，《中国环境管理》
1996 年第 3 期。

[23] 高俊才：《统筹兼顾改革创新加快推进中国特色农业现代化——
学习 2014 年中央 1 号文件体会》，《中国经贸导刊》2014 年
第 4 期。

[24] 巩前文、张俊飙、李瑾：《农户施肥量决策的影响因素实证分
析——基于湖北省调查数据的分析》，《农业技术经济》2008
年第 10 期。

[25] 顾红、李建东、赵煊赫：《土壤重金属污染防治技术研究进展》，《中国农学通报》2005 年第 8 期。

[26] 郭士勤、蒋天中：《农业环境污染及其危害》，《农业环境科学学报》1981 年第 6 期。

[27] 韩冬梅：《中国水排污许可证制度设计研究》，博士学位论文，中国人民大学，2012 年。

[28] 韩洪云、杨增旭：《农户农业面源污染治理政策接受意愿的实证分析——以陕西眉县为例》，《中国农村经济》2010 年第 1 期。

[29] 韩俊：《新常态下如何加快转变农业发展方式》，人民网—理论频道，http://theory.people.com.cn/n/2015/0128/c83853 – 26465039.html。

[30] 韩青、谭向勇：《农户灌溉技术选择的影响因素分析》，《中国农村经济》2004 年第 1 期。

[31] 何晓红、马月辉：《由美国、澳大利亚、荷兰养殖业发展看我国畜牧业规模化养殖》，《中国畜牧兽医》2007 年第 4 期。

[32] 胡火金：《循环观与农业文化》，《中州学刊》2011 年第 6 期。

[33] 胡俊梅、王新杰：《农业清洁生产技术体系设计》，《安徽农业科学》2010 年第 6 期。

[34] 环境保护部、国土资源部：《全国土壤污染状况调查公报》，2014 年 4 月 17 日。

[35] 环境保护部自然生态保护司：《农村环保实用技术》，中国环境科学出版社 2008 年版。

[36] 黄季焜、Scott Rozelle：《技术进步和农业生产发展的原动力——水稻生产力增长的分析》，《农业技术经济》1993 年第 6 期。

[37] 黄季焜、胡瑞法、智华勇：《基层农业技术推广体系 30 年发展与改革：政策评估和建议》，《农业技术经济》2009 年第 1 期。

［38］黄季焜、刘莹：《农村环境污染情况及影响因素分析——来自全国百村的实证分析》，《管理学报》2010 年第 11 期。

［39］黄文芳：《农业化肥污染的政策成因及对策分析》，《生态环境学报》2011 年第 1 期。

［40］黄英娜、张天柱：《新制度时期滇池流域农业非点源污染控制对策建议》，《生态经济》2008 年第 6 期。

［41］黄宗智：《龙头企业还是合作组织?》，《中国老区建设》2010 年第 4 期。

［42］黄祖辉、俞宁：《新型农业经营主体：现状、约束与发展思路——以浙江省为例的分析》，《中国农村经济》2010 年第 10 期。

［43］嘉慧：《发达国家养殖污染的防治对策》，《山西农业》（畜牧兽医版）2007 年第 7 期。

［44］贾华清：《畜禽粪便的资源化利用技术与管理系统的建立》，《安徽农学通报》2007 年第 5 期。

［45］江应松、李慧明、康茹：《解决农产品质量安全问题的理论与方法初探》，《现代财经》2005 年第 2 期。

［46］蒋高明：《以生态循环农业破解农村环保难题》，《环境保护》2010 年第 19 期。

［47］焦少俊、单正军、蔡道基、徐宏：《警惕"农田上的垃圾"——农药包装废弃物污染防治管理建议》，《环境保护》2012 年第 18 期。

［48］金苗、任泽、史建鹏等：《太湖水体富营养化中农业面污染源的影响研究》，《环境科学与技术》2010 年第 10 期。

［49］金书秦：《发达国家控制农业面源污染经验借鉴》，《环境保护》2009 年第 10B 期。

［50］金书秦：《流域水污染防治政策设计：外部性理论创新和应用》，冶金工业出版社 2011 年版。

［51］金书秦、杜珉、魏珣、孙雨：《棉花种植的环境影响及可持续发展建议》，《中国农业科技导报》2011 年第 5 期。

[52] 金书秦、韩冬梅：《我国农村环境保护四十年：问题演进、政策应对及机构变迁》，《南京工业大学学报》（社会科学版）2015 年第 2 期。

[53] 金书秦、韩冬梅、王莉、沈贵银：《畜禽养殖污染防治的美国经验》，《环境保护》2013 年第 2 期。

[54] 金书秦、沈贵银：《中国农业面源污染的困境摆脱与绿色转型》，《改革》2013 年第 5 期。

[55] 金书秦、沈贵银、魏珣、韩允垒：《论农业面源污染的产生和应对》，《农业经济问题》2013 年第 11 期。

[56] 金书秦、王欧：《农业面源污染防治与补偿：洱海实践及启示》，《调研世界》2012 年第 2 期。

[57] 金书秦、魏珣、王军霞：《发达国家农业面源污染控制经验借鉴及启示》，《环境保护》2009 年第 10B 期。

[58] 金书秦、武岩：《农业面源是水体污染的首要原因吗？基于淮河流域数据的检验》，《中国农村经济》2014 年第 9 期。

[59] 柯紫霞、赵多、吴斌等：《浙江省农业清洁生产技术体系构建的探讨》，《环境污染与防治》2006 年第 12 期。

[60] 雷晓萍、刘晓峰：《土地开发整理工程中几种常用的土地平整技术》，《宁夏农林科技》2009 年第 5 期。

[61] 李瑾、秦向阳：《消费结构变迁引致的畜牧业生产变革做法与经验借鉴》，《中国农学通报》2009 年第 6 期。

[62] 李庆江等：《基于农业生态补偿的农产品质量安全问题研究》，《安徽农业科学》2010 年第 34 期。

[63] 李诗龙：《废旧地膜的回收再生利用技术》，《再生资源研究》2005 年第 1 期。

[64] 李文华：《农业生态问题与综合治理》，中国农业出版社 2008 年版。

[65] 李艳华、奉公：《我国农业技术需求与采用现状：基于农户调研的分析》，《农业经济》2010 年第 11 期。

［66］ 李阳、王玉玲、李敬苗：《有机农药对土壤的污染及生物修复技术研究》，《中国环境管理干部学院学报》2009 年第 3 期。

［67］ 李远、单正军、徐德徽：《我国畜禽养殖业的环境影响与管理政策初探》，《中国生态农业学报》2002 年第 6 期。

［68］ 李远、王晓霞：《我国农业面源污染的环境管理：背景及演变》，《环境保护》2005 年第 4 期。

［69］ 梁流涛、冯淑怡、曲福田：《农业面源污染形成机制：理论与实证研究》，《中国人口·资源与环境》2010 年第 4 期。

［70］ 廖庆玉、卢彦、章金鸿：《人工湿地处理技术研究概况及其在农村面源污染治理中的应用》，《广州环境科学》2012 年第 2 期。

［71］ 林毅夫：《制度、技术与中国农业发展》，上海三联出版社 1992 年版。

［72］ 刘娣、范丙全、龚海波：《秸秆还田技术在中国生态农业发展中的作用》，《中国农学通报》2008 年第 6 期。

［73］ 刘国光：《论中国农村的可持续发展》，《中国农村经济》1999 年第 11 期。

［74］ 刘国勇、陈彤：《新疆焉耆盆地农户主动选择节水灌溉技术的实证研究》，《新疆农业大学学报》2010 年第 5 期。

［75］ 刘炜：《加拿大畜牧业清洁养殖特点及启示》，《中国牧业通讯》2008 年第 10 期。

［76］ 刘玉凯：《加强农村环境保护工作》，《农村生态环境》1994 年第 3 期。

［77］ 刘助仁：《中国农业生态环境安全问题与战略应对》，《环境保护》2009 年第 23 期。

［78］ 路明：《我国农村环境污染现状与防治对策》，《农业环境与发展》2008 年第 3 期。

［79］ 吕远忠、吴玉兰：《无公害畜禽养殖关键技术》，四川科学技术出版社 2004 年版。

［80］罗良国、杨世琦、张庆忠等：《国内外农业清洁生产实践与探索》，《农业经济问题》2009 年第 12 期。

［81］马骥：《农户粮食作物化肥施用量及其影响因素分析——以华北平原为例》，《农业技术经济》2006 年第 6 期。

［82］毛一波：《美国的畜牧业》，《浙江畜牧兽医》2000 年第 1 期。

［83］农业部科技教育司、中国农业生态环境保护协会：《中国农业环境保护大事记》，中国农业科技出版社 2000 年版。

［84］彭超：《中国农户的化肥投入行为：新古典经济学结论的一个反例》，载全国农村固定观察点办公室编《农村发展：25 年的村户观察》，中国农业出版社 2012 年版。

［85］钱大富、马静颖、洪小平：《水体富营养化及其防治技术研究进展》，《青海大学学报》（自然科学版）2002 年第 1 期。

［86］邱君：《中国农业污染治理的政策分析》，博士学位论文，中国农业科学院，2007 年。

［87］饶静、纪晓婷：《微观视角下的我国农业面源污染治理困境分析》，《农业技术经济》2011 年第 12 期。

［88］沈丰菊：《我国农业废水处理技术的应用现状与发展趋势》，《农业工程技术》（新能源产业）2011 年第 1 期。

［89］沈跃：《国内外控制养殖业污染的措施及建议》，《黑龙江畜牧兽医》2005 年第 5 期。

［90］世界银行：《2008 年世界发展报告：以农业促进发展》，清华大学出版社 2008 年版。

［91］苏美岩：《试论我国农业生态安全》，《安徽农业科学》2006 年第 15 期。

［92］苏杨：《我国集约化畜禽养殖场污染问题研究》，《中国生态农业学报》2006 年第 4 期。

［93］苏杨：《我国集约化畜禽养殖场污染治理障碍分析及对策》，《中国畜牧杂志》2006 年第 14 期。

［94］苏杨、马宙宙：《我国农村现代化进程中的环境污染问题及对

策研究》，《中国人口·资源与环境》2006 年第 2 期。

[95] 孙丽欣、丁欣、张汝飞：《国外农村环保政策经验及我国农村
环保政策体系构建》，《中国水土保持》2012 年第 2 期。

[96] 孙茜：《美国对畜牧业财政支持的政策及做法》，《山西农业》
（畜牧兽医）2007 年第 6 期。

[97] 唐德富：《谈谈生态农业的生态设计》，《农村生态环境》
1988 年第 3 期。

[98] 陶思明：《浅论农村生态环境的主要问题及其保护对策》，
《上海环境科学》1996 年第 10 期。

[99] 王尔大：《美国畜牧业环境污染控制政策概述》，《世界经济》
1998 年第 3 期。

[100] 王键：《对新疆发展节水灌溉的思考》，《新疆农垦科技》
2002 年第 6 期。

[101] 王莉、沈贵银：《我国农业环境保护的措施、难点和对策》，
《经济研究参考》2013 年第 8 期。

[102] 王宁、叶常林、蔡书凯：《农业政策和环境政策的相互影响
及协调发展》，《软科学》2010 年第 1 期。

[103] 王占红、张世伟：《发展低碳畜牧业之拙议》，《现代畜牧兽
医》2011 年第 2 期。

[104] 伍世良、邹桂昌、林健枝：《论中国生态农业建设五个基本
问题》，《自然资源学报》2001 年第 4 期。

[105] 向东梅：《促进农户采用环境友好技术的制度安排与选择分
析》，《重庆大学学报》（社会科学版）2011 年第 1 期。

[106] 向东梅：《促进农户采用环境友好技术的制度安排与选择分
析》，《重庆大学学报》（社会科学版）2011 年第 1 期。

[107] 熊文强、王新杰：《农业清洁生产——21 世纪农业可持续发
展的必然选择》，《软科学》2009 年第 7 期。

[108] 杨林章、施卫明、薛丽红等：《农村面源污染治理的"4R"
理论与工程实践——总体思路与"4R"治理技术》，《农业

环境科学学报》2013 年第 1 期。

[109] 冶玉玲：《化肥深施技术》，《青海农技推广》2011 年第
　　　 4 期。

[110] 叶剑平等：《中国土地流转市场的调查研究：基于 2005 年 17
　　　 省的调查分析和建议》，《中国农村观察》2006 年第 4 期。

[111] 俞海、黄季焜等：《地权稳定性、土地流转与农地资源持续
　　　 利用》，《经济研究》2003 年第 9 期。

[112] 袁兵兵、张海青、陈静：《微生物农药研究进展》，《山东轻
　　　 工业学院学报》2010 年第 1 期。

[113] 远德龙、宋春阳：《病死畜禽尸体无害化处理方式探讨》，
　　　 《猪业科学》2013 年第 5 期。

[114] 曾悦、洪华生、陈伟琪、郑彧：《畜禽养殖区磷流失对水环
　　　 境的影响及其防治措施》，《农村生态环境》2004 年第 3 期。

[115] 张蕾、陈超、展进涛：《农户农业技术信息的获取渠道与需
　　　 求状况分析——基于 13 个粮食主产省份 411 个县的抽样调
　　　 查》，《农业经济问题》2009 年第 11 期。

[116] 张莉侠、刘刚：《消费者对生鲜食品质量安全信息搜寻行为
　　　 的实证分析——基于上海市生鲜食品消费的调查》，《农业技
　　　 术经济》2010 年第 2 期。

[117] 张林秀、黄季焜、方乔彬、Scott Rozelle：《农民化肥使用水
　　　 平的经济评价和分析》，载禾兆良、David Norse、孙波《中
　　　 国农业面源污染控制对策》，中国环境科学出版社 2006
　　　 年版。

[118] 张蒙萌、李艳军：《农户“被动信任”农资零售商的缘由：
　　　 社会网络嵌入视角的案例研究》，《中国农村观察》2014 年
　　　 第 5 期。

[119] 张平：《美国畜禽养殖业废弃物的处理技术》，《湖北畜牧兽
　　　 医》2000 年第 4 期。

[120] 张壬午、冯宇澄、王洪庆：《论具有中国特色的生态农业——

我国生态农业与国外替代农业的比较》,《农业现代化研究》
1989 年第 3 期。

[121] 张维理、冀宏杰等:《中国农业面源污染形势估计及控制对
策Ⅱ:欧美国家农业面源污染状况及控制》,《中国农业科
学》2004 年第 7 期。

[122] 张晓恒、周应恒、张蓬:《中国生猪养殖的环境效率估算——
以粪便中氮盈余为例》,《农业技术经济》2015 年第 5 期。

[123] 张笑兰:《发展农业生产与保护生态环境》,《生态与农村环
境学报》1986 年第 3 期。

[124] 赵其国、周建民、董元华:《江苏省农业清洁生产技术与管
理体系的研究与试验示范》,《土壤》2001 年第 6 期。

[125] 钟秀明、武雪萍:《我国农田污染与农产品质量安全现状、
问题及对策》,《中国农业资源与区划》2007 年第 10 期。

[126] 钟真:《生产组织方式、市场交易类型与生鲜乳质量安全——
基于全面质量安全观的实证分析》,《农业技术经济》2011
年第 1 期。

[127] 周家正:《新农村建设环境污染治理技术与应用》,科学出版
社 2010 年版。

[128] 周建伟、何帅、李杰等:《干旱内陆河灌区节水农业综合技
术集成与示范》,《新疆农垦科技》2005 年第 1 期。

[129] 周小平:《农村环境保护与生态农业》,《农业现代化研究》
1986 年第 6 期。

[130] 朱惠:《关于新农村规划和建设中的卫生问题》,《卫生研
究》1977 年第 4 期。

[131] 朱启红:《浅谈秸秆的综合利用》,《农机化研究》2007 年第
6 期。

[132] 朱章玉、李道棠、俞佩金:《实践中的一种城郊农业生态工
程模式》,《城市环境与城市生态》1988 年第 3 期。

[133] 朱兆良、David Norse、孙波:《中国农业面源污染控制对

策》，中国环境科学出版社 2006 年版。

[134] 朱兆良、孙波、杨林章等：《我国农业面源污染控制政策和措施》，《科学导报》2005 年第 4 期。

[135] 庄丽娟、张杰、齐文娥：《广东农户技术选择行为及影响因素的实证分析——以广东省 445 户荔枝种植户的调查为例》，《科技管理研究》2010 年第 8 期。

[136] Ada Wossink, Zulal S. Denaux, "Environmental and cost efficiency of pesticide use in transgenic and conventional cotton production", *Agricultural Systems*, 2006, 90, 312 – 328.

[137] Agarawal M. C., Goel A. C., "Effect of field leveling quality on irrigation efficiency and crop yield", *Agricultural Water Management*, 1981 (4): 89 – 97.

[138] Agouridis C. T., Workman S. R., Warner R. C, et al., "Livestock grazing management impacts on water quality: a review", *American Water Resources Association*, 2005 (6): 591 – 606.

[139] Amy M. Booth, Charles Hagedorn, Alexandria K. Graves, et al., "Sources of fecal pollution in Virginiap's Blackwater River", *Journal of Environmental Engineering*, 2003, 129 (6): 547 – 552.

[140] Anderson, Kym, and Richard Blackhurst, eds, *The Greening of World Trade Issues*, Ann Arbor: University of Michigan Press, 1992.

[141] Belsky A. J., Matzke A., Uselman S., "Survey of livestock influences on stream and riparian ecosystems in the western United States", *Soil and Water Conservation*, 1999, 54 (1): 419 – 431.

[142] Bo Sun, et al., "Agricultural Non – Point Source Pollution in China: Causes and Mitigation Measures", *Ambio*, 2012, 41: 370 – 379.

[143] Brian M Dowd et al. , "Agricultural nonpoint source water pollution policy: The case of California's Central Coast", *Agriculture, Ecosystems and Environment*, 2008 (128): 151 – 161.

[144] Christian Grovermann, Pepijn Schreinemachers, Thomas Berger, 2012, Private and Social Levels of Pesticide Overuse in Rapidly Intensifying Upland Agriculture in Thailand. Selected Paper prepared for presentation at the International Association of Agricultural Economists (IAAE) Triennial Conference, Foz do Iguaçu, Brazil, 18 – 24 August.

[145] Commission of the European Communities. Report from the Commission to the Council and the European Parliament: On implementation of Council Directive 91/676/EEC concerning the protection of water against pollution by nitrate from agricultural sources for the period 2004 – 2007.

[146] C. E. Togbé, E. T. Zannou, S. D. Vodouhê, et al. , "Technical and institutional constraints of a cotton pest management strategy in Benin", *NJAS – Wageningen Journal of Life Sciences*, 2012, pp. 60 – 63, 67 – 78.

[147] Damalas C. A. , Hashemi S. M. , 2010, Pesticide Risk Perception and Use of Personal Protective Equipment Among Young and old Cotton Growers in Northern Greece Agrocincia, 44 (3): 363 – 371.

[148] ECOTEC, 2001. Study on the economic and environmental implications of the use of environmental taxes and charges in the European Union and its member states. Final Report. ECOTEC Research and Consulting, Brussels, Belgium.

[149] Edwards A. C. , Withers P. J. A. , "Soil phosphorus management and water quality: a UK perspective", *Soil Use and Management*, 1998, 14 (Suppl): 124 – 130.

[150] Elaine M. Liu, Jikun Huang, "Risk preferences and pesticide use by cotton farmers in China", *Journal of Development Economics*, 2013, 103: 202 – 215

[151] Fukuyam, F., *Trust: The Social Virtues and the Creation of Prosperity*, Naw York: 1995, p. 29. The Free Press.

[152] F. Gale, "Resource constraints and future food production in China", *Report for Agricultural Outlook Forum*, 2010, 39 (2): 163 – 170.

[153] Growth, *Econ. J.* 1986: 4, pp. 903 – 18.

[154] http://www.caas.net.cn/nykjxx/fxyc/238899.shtml。

[155] Huang J. K., Hu R. F., Carl Pray, Fangbin Qiao, Scott Rozelle, "Biotechnology as an alternative to chemical pesticides: a case study of Bt cotton in China", *Agricultural Economics*, 2003, 29: 55 –67.

[156] IFPRI Discussion Paper 00798, Analyzing the Determinants of Farmers' Choice of Adaptation Methods and Perceptions of Climate Change in the Nile Basin of Ethiopia, 2008.

[157] IPCC. IPCC Forth Assessment Report, Working Group III: Greenhouse Gas Mitigation in Agriculture, Cambridge: Cambridge University Press, 2007.

[158] J. P. Painuly, S. Mahendra Dev, "Environmental dimensions of fertilizer and pesticide use: relevance to Indian agriculture", *Int. J. Environment and Pollution*, 1998, 10 (2): 273 –288.

[159] L. S. 安德森、M. 格林菲斯:《欧盟〈水框架指令〉对中国的借鉴意义》,《人民长江》2009 年第 8 期。

[160] Matthews, R. C. O., The Economics of Institutions and the Sources of Economic.

[161] Mills, J., Gibbon, D., Ingram, J., Reed, M., Short, C., Dwyer, J., "Organising collective action for effective environ-

mental management and social learning in Wales", *Journal of Agricultural Education and Extension*, 2012, 17, 69 – 83.

[162] Munasib, A. B. A. , Jordan, J. L. , "Are Friendly Farmers Environmentally Friendly? Environmental Awareness as a Social Capital Outcome", *Agricultural Economic Association Orlando, Florida*, 2006.

[163] National Audit Office. Financial Management in European Union 2006, 2007, 2008.

[164] Norse D. , Z. L. Zhu, 2004, Policy Response to Non – Point Pollution from China's Crop Production. Special report by the Take Force on Non – Point Pollution from Crop Production of the China Council for International Cooperation on Environment and Development (CCICED) . Beijing.

[165] Oliver E. Williamson, "The New Institutional Economics: Taking Stock, Looking Ahead", *Journal of Economic Literature* Vol. XXXVIII (September 2000), pp. 595 – 613.

[166] P. J. Cameron, "Factors influencing the development of integrated pest management (IPM) in selected vegetable crops: A review", *New Zealand Journal of Crop and Horticultural Science*, 2007, 35 (3): 365 – 384.

[167] Rhiannon Fisher, "A gentleman's handshake: The role of social capital and trust in transforming information into usable knowledge", *Journal of Rural Studies*, 2013, 31: 13 – 22.

[168] Ritter W. F. , *Agricultural nonpoint source pollution: watershed management and hydrology*, Los Angeles: CRC Press LLC, 2001, pp. 136 – 158.

[169] Smith K. A. , Chalmers A. G. , Chambers B. J. , et al. , "Organic manure phosphorus accumulation, mobility and management", *Soil Use and Management*, 1998, 14 (Suppl): 154 –

159.

[170] S. Dasgupta, C. Meisne, M Huq, "A Pinch or a Pint? Evidence of Pesticide Overuse in Bangladesh", *Journal of Agricultural Economics*, Vol. 58, No. 1, 2007, pp. 91 – 114.

[171] Vatn, A., et al., "Environmental taxes and politics: the dispute over nitrogen taxes in agriculture", *Eur. Environ*, 2002 (12): 224 – 240.

[172] WHO, 2006, Preventing disease through healthy environment: towards an estimate of the environmental burden of disease. Geneva, Switzerland: World Health Organization of the United Nations.

[173] Xiaoyong Zhang, Corné Kempenaar, 2009, Agricultural Extension System in China. Working paper of Plant Research International, Wageningen University.

[174] Yujiro Hayami, Vernon Ruttan, *Agricultural Development: An International Perspective*, Baltimore: The Johns Hopkins University Press, 1971.